С.В. ЧЕСНОКОВ

ФЕНОМЕНОЛОГИЯ ДИАЛОГОВ В ГЕШТАЛЬТ-ТЕОРИИ, МАТЕМАТИКЕ, ЛОГИКЕ

ФИЛАДЕЛЬФИЯ

2021

Аннотация. Книга о том, как универсальные функции человеческого мозга, формирующие словесный язык и восприятие образов, порождают язык математики и классическую аристотелевскую логику. Ключевые идеи, на которые опирается книга, обнародовали в свое время Леонард Эйлер (1707—1783), Макс Вертгеймер (1880—1943) и Анри Пуанкаре (1854—1912).

Математика здесь предстаёт как явление, порождаемое свойствами человеческого мозга. Прежде всего это базисные свойства, их открыли Роджер Сперри (1913-1994), Дэвид Хьюбел (1926—2013) и Торстен Визель (род. 1924) (эти открытия удостоены Нобелевской премии 1981 года «по физиологии или медицине»).

Книга — первый том трехтомника. Два других тома («Люди и математика» и «Полная гуманитарная картина мира») — в работе.

Сергей Валерианович Чесноков
ФЕНОМЕНОЛОГИЯ ДИАЛОГОВ
В ГЕШТАЛЬТ-ТЕОРИИ, МАТЕМАТИКЕ, ЛОГИКЕ
Новое издание, переработанное и исправленное
Филадельфия, 2021, 253 с.
Дизайн: Йонатан Хуторянский
Обложка: Жанна Сугира
Все права защищены.

Sergey Chesnokov
Phenomenology of Dialogs in Gestalt Theory,
Mathematics, Logic
New expanded edition, 2021, 253 p.
Design by Jonathan Khoutoriansky
Book Cover by Jeanne Sugira
Published by Paul Mostinski, Philadelphia, USA
Library of Congress Control Number: 2021922682
All Rights Reserved
ISBN: 1734786286
ISBN-13: 978-1-7347862-8-6
© Sergey Chesnokov 2008–2021

ОГЛАВЛЕНИЕ

Предисловие автора 8

Введение 13

§ 0.1. Серии диалогов...13

§ 0.2. Термин «феноменология» 14

§ 0.3. Гештальты 14

§ 0.4. Миф о гештальте 15

§ 0.5. Гештальт-матрица.......................................16

§ 0.6. Закон формы 18

§ 0.7. Основной тезис..20

§ 0.8. Обзор содержания по главам.....................20

**Глава 1. Феноменология диалогов
в гештальт-теории сознания** 24

§ 1.01. Полная гештальт-матрица 24

§ 1.02. Существование гештальтов.......................28

§ 1.03. Восприятие образов по Вертгеймеру.......28

§ 1.04. Произвольные образы в гештальт-матрице.................30

§ 1.05. Диполи гештальтов 31

§ 1.06. Пространство, время, движение 32

§ 1.07. Сохранение дипольной структуры............33

§ 1.08. Связи между гештальтами.........................34

§ 1.09. Физическая различимость гештальтов 35

§ 1.10. Ассоциативная различимость гештальтов.................37

§ 1.11. Потенциальные эйдосы в гештальт-матрицах............37

§ 1.12. Актуальные эйдосы в гештальт-матрицах 39

§ 1.13. Эйдетическая редукция 41

§ 1.14. Эйдетическая редукция по Гуссерлю.......42

§ 1.15. Происхождение целых чисел 42

§ 1.16. Память 43

§ 1.17. Память человека и память компьютера.....43

§ 1.18. Смена объектов 44

§ 1.19. Существование эйдосов 44

§ 1.20. Объемы собственных эйдосов 45

§ 1.21. Мера 46

§ 1.22. Эйдетическая эквивалентность...........................48

§ 1.23. Абсолютная и относительная
эквивалентность эйдосов.........49

§ 1.24. Эйдетическая кодификация..............................50

§ 1.25. Физика оперирования эйдосами 51

§ 1.26. Возраст человека и формирование эйдосов 52

§ 1.27. Функции эйдосов...53

§ 1.28. Механизм формирования связи между эйдосами...........54

§ 1.29. Связь эйдосов как детерминация или D-правило..........55

§ 1.30. Круги Эйлера 59

§ 1.31. Ассоциативные связи между эйдосами.................60

§ 1.32. Точные и (или) полные D-правила 61

§ 1.33. Наблюдаемые D-правила 62

§ 1.34. Потоки образов как причина
связей эйдосов в сознании.........63

§ 1.35. Однозначные и многозначные D-правила.................63

§ 1.36. Глагол 65

§ 1.37. Глагол и точность D-правил 66

Глава 2. Феноменология диалогов
в основаниях математики 68

§ 2.01. Математическая интуиция и гештальт-матрицы 68

§ 2.02. Матрицы данных и основания математики 69

§ 2.03. Интуитивизм и формализм: общие корни 70

§ 2.04. Грех познания добра и зла
и феноменология диалогов 70

§ 2.05. Единица натурального ряда...............................71

§ 2.06. Натуральный ряд чисел....................................72

§ 2.07. Переменная 73

§ 2.08. Множество и гештальт-матрица 74

§ 2.09. Система аксиом ℵ 76

§ 2.10. Феноменологические прототипы
основных понятий теории вероятностей............79

§ 2.11. Плотность меры на множестве.............................81

§ 2.12. Классическая статистическая связь......................82

§ 2.13. Детерминационная связь 84

§ 2.14. Статистическая независимость
и детерминизм, традиционная точка зрения 87

§ 2.15. Статистическая независимость и детерминизм,
действительное положение вещей....................88

§ 2.16. Случай нормального распределения 91

§ 2.17. Два примера, когда необходима осторожность 93

§ 2.18. Проблематизация понятия «статистическая связь» 95

§ 2.19. Детерминационная концепция
статистической связи 96

§ 2.20. D-правила и правдоподобные умозаключения 100

§ 2.21. D-правила и функции....................101

**Глава 3. Феноменология диалогов
в основаниях логики** 104

§ 3.01. Вводное замечание 104

§ 3.02. Простые предложения в естественном языке 105

§ 3.03. Простые предложения в логике....................106

§ 3.04. Квантифицирующие суждения Аристотеля 107

§ 3.05. Феноменологический прототип
произвольного силлогизма 109

§ 3.06. О возможности реконструировать процесс
создания классической силлогистики...............111

§ 3.07. Происхождение силлогистических фигур 113

§ 3.08. Ограничения на объемы эйдосов 114

§ 3.09. Базис классической силлогистики 114

§ 3.10. Происхождение комбинаторики
классической силлогистики...........................115

§ 3.11. Состав классических силлогизмов Аристотеля...........115

§ 3.12. Расширенная силлогистика 118

§ 3.13. Первый пример расширенной
силлогистики – система $\mathcal{L}_{\mu,\omega}$ 119

§ 3.14. Пример неклассического истинного
силлогизма системы $\mathcal{L}_{\mu,\omega}$ 122

§ 3.15. Элементарный способ
найти область истинности 124

§ 3.16. Подробнее о взаимодействии трех эйдосов.............125

§ 3.17. Локальный универсум
взаимодействия трех эйдосов.................127

§ 3.18. Феноменология отношений между
силлогизмом и его локальным универсумом...............130

§ 3.19. Что такое метаматрица
(вторичная гештальт-матрица)...........134

§ 3.20. Истинность в локальном универсуме 134

§ 3.21. Истинность в глобальном универсуме 136

§ 3.22. Традиционная концепция истины и лжи 137

§ 3.23. Сопоставление феноменологической и
традиционной концепций логической истины...........138

§ 3.24. Вычислимость логической истинности 139

§ 3.25. Конкретизация вычислительной проблемы, шаг 1 140

§ 3.26. Конкретизация вычислительной проблемы, шаг 2 142

§ 3.27. Точная постановка вычислительной проблемы.............145

§ 3.28. Пример вычисления логической истинности.............146

§ 3.29. Строгая истина и асимптотическая истина.............149

§ 3.30. Связь многозначной и двузначной логики.............151

§ 3.31. Общий метод построения расширенной
силлогистики в двузначной логике. Задача Δ 152

§ 3.32. Применение задачи Δ в конкретных случаях 154

§ 3.33. Общий метод доказательства
истинности произвольного силлогизма
в двузначной детерминационной логике ..155

§ 3.34. Иллюстративный пример, доказательство
истинности классического силлогизма Barbara 157

§ 3.35. Неклассическое расширение силлогизма Barbara.............161

§ 3.36. Три вида истинных силлогизмов 166

§ 3.37. Эффект семантической свободы
в логике естественного языка 170

§ 3.38. Задача о трех кругах Эйлера 172

§ 3.39. Эмпирическое и логическое
в логике естественного языка 174

§ 3.40. Истина эмпирическая и истина логическая.............178

§ 3.41. Персональные картины мира и их социализация 179

§ 3.42. Истинность эмпирических знаний 181

§ 3.43. Логические знания как особый род знаний 182

§ 3.44. Имперсональность логической истины.....................185

§ 3.45. Логическая и эмпирическая истины
            в логике естественного языка 186

§ 3.46. Роль логики естественного языка
            в расширении персональных картин мира.............188

§ 3.47. Практический смысл расширенной
            силлогистики Аристотеля...........................190

§ 3.48. Судьба силлогистики Аристотеля 191

Глава 4. Направления развития 194

§ 4.01. Спектр направлений 194

§ 4.02. Орфография белков 196

§ 4.03. Язык дельфинов...................................202

§ 4.04. Теория и практика баз данных 207

§ 4.05. Функционирование мозга...........................211

§ 4.06. Несколько слов о схеме Бернулли 212

§ 4.07. Построение персональных знаний,
            основная задача..................................216

§ 4.08. Как реально строят люди
            индивидуальные картины мира.....................220

§ 4.09. Натуральные основания языка
            и социальных теорий 226

§ 4.10. Происхождение математики
            и основания геометрии.............................232

§ 4.11. Заключительная реплика 237

Ссылки на работы автора книги и работы других авторов даны в двух одинаковых по составу списках I и II. Список I дан на страницах 238 - 244. Список II дан на страницах 245 – 252. В начале каждого из двух списков указано, как ими пользоваться.

Справка об авторе 253

Предисловие автора

Эта книга о единстве структуры нашего сознания и мира, нас окружающего. О том, как именно образы, становясь репликами наших диалогов с людьми и окружающим миром, оказываются одновременно теми «кирпичиками», из которых строится наше сознание, язык, мышление, все знания о себе, других людях, о мире, в том числе такие специальные знания, как математика и логика.

В книге итог пятидесяти лет занятий в области теории и практики применения математических методов в гуманитарных и близких к ним областях.

В конце 60-х, с образованием и PhD физика-теоретика я стал работать в только что организованном институте социологии, в коллективе, которым руководил известный социолог Борис Андреевич Грушин (1932–2007). Изучая общественное мнение, он занимался социологическими опросами жителей страны и пошел мне навстречу. Я хотел понять связь гуманитарных наук с точными на примере того, как математика используется в социологии.

Помню, меня сразу же поразила универсальность форм, в которых представлены данные социологических опросов.

Это хорошо известные специалистам матрицы данных. Они делятся на числовые и словесные, на первый взгляд радикально разные по своим свойствам.

Все математические методы анализа данных опыта суть методы преобразования матриц данных. И не только в социологии, а везде, во всех областях знаний.

Почему именно *матрицы*? Ответ простой: потому что источник данных — серии диалогов. Исследователь ставит неизменные вопросы, получая разные ответы. Вопросы ставятся верхней строкой матрицы, а ответы — прочими строками, которых ровно столько, сколько «опрошенных объектов». Так образуется матрица данных в любой области знаний. Объекты — разные, форма — одна.

Возникло понимание, что матрица данных — фундаментальный *математический* объект, который в истории математики, развивавшейся в тесном контакте с экспериментальной физикой, формировал интуицию, приведшую к основным понятиям арифметики, алгебры, анализа, таким как единица натурального ряда, множество, функция, мера на множестве, вероятность. Это убеждение стало отправным в моих исследованиях.

Изучая параллельно, как ведёт себя математика в социологии, я был шокирован откровенным насилием над естественным языком. Под флагом научности оно санкционировалось (и санкционируется) от имени точных наук, со ссылками на их авторитет.

Яркий символ такого насилия — теория и практика шкалирования, когда реплики в диалогах заменяются числами во имя «повышения уровня научности». Знак недоверия слову, естественному языку.

Исследуя социальную роль математической статистики в «подталкивании» социологов к замене реплик числами, я обнаружил, что роль эта обусловлена, помимо прочего, противоречиями в классических процедурах измерения и интерпретации статистической связи.

Попытка устранить противоречия привела к технике обнаружения и анализа правил (так называемых *детерминаций*), полученных из опыта диалогов. Отправной была идея, что матрицы данных суть математические и вместе с тем природные объекты, представляющие диалогическую практику.

Первая монография по теории правил под названием «Детерминационный анализ социально-экономических данных» вышла в 1982 году в издательстве «Наука» (Главная редакция физико-математической литературы) при поддержке академика С.С. Шаталина (1934-1997), академика Л.В. Канторовича (1912-1986) и профессора Д.А. Поспелова (1932-2019).

Вскоре (1983) выяснилось, что детерминационный анализ содержит в себе расширение силлогистики Аристотеля, детерминационную логику. Метод, позволивший это обнаружить, оказался принадлежащим классу методов оптимизации функций на выпуклых многогранниках, он был открыт Л.В. Канторовичем, а немного позже и независимо, — американским ученым Т. Купмансом.[1]

Попутно возникли приложения детерминационного анализа и детерминационной логики в разных областях науки и практики.

Полученные теоретические и прикладные результаты отвечали требованиям, традиционным для научной работы. На протяжении 90-х я пытался изложить их с единой точки зрения. Все попытки были неудачными. Не было ответа на естественные вопросы. Во-первых: *что такое содержимое клетки матрицы данных?* Во-вторых: *как это содержимое соотносится с функционированием человеческого мозга?*

Допустим, в клетке матрицы данных поименованные числа, полученные путем аккуратно проведенных измерений. Профессионалы их анализируют, обращаясь с ними как с числами, на этом держится современная наука. А если во

---

[1] Оба удостоены Нобелевской премии 1975 года «за вклад в теорию оптимального распределения ресурсов».

всех клетках матрицы лишь слова? Это же не редкость. Напротив, в жизни таких случаев подавляющее большинство. Каждый человек в каком-то смысле социолог. Добывая знания для себя, чтобы жить, мы оперируем словами, подразумевая образы слов, а не числа. Такова основа диалогов, первооснова языка.

В повседневной жизни о матрицах данных не думают. Но как только кто-либо делает шаг в сторону социологии или экспериментальной психологии, чтобы изучать себя и других людей систематически, матрицы данных появляются неизбежно. И тогда сам собой напрашивается вопрос: что же это за объект такой, *матрица данных, в клетках которой чисел нет, а есть лишь словесные реплики в диалогах?* Что представляет собой этот удивительный объект, *словесный язык в диалогах людей с людьми,* связывающий каждого человека с самим собой и с жизнью других людей?

Точное решение этой проблемы дал феномен *гештальта,* открытый в 1912 году Максом Вертгеймером.

Гештальт это функция, а не материальный объект. Как известно, мозг человека оперирует огромным количеством нейронов (их чуть меньше ста миллиардов). Каждый нейрон — сложнейшее устройство. В зрительной коре головного мозга любой нейрон — гештальт в одном из двух состояний: пассивном либо активном. В первом случае он не включен в поле зрения. Во втором случае включен вместе с дополнительными гештальтами, обеспечивающими полноценное восприятие реальности. Количество дополнительных гештальтов может меняться в широких пределах.

В 2003 году в «Социологическом журнале» вышла моя статья «Метаматрицы в логике натуральных текстов» [01]. «Натуральными текстами» там названы матрицы данных. Работа объясняет в рамках детерминационного анализа, каким образом факт диалогов порождает многозначную логику.

Подчиняясь необходимости, я использовал там понятие *эйдоса,* понимаемого как конечное множество, элементы которого тождественно неразличимы. В связи с этим при подготовке статьи к печати профессор Геннадий Семёнович Батыгин (1951-2003), главный редактор журнала, мой близкий друг, обратил внимание на сходство идей, положенных в основу той работы, с представлениями Эдмунда Гуссерля о феноменологических основаниях логики.

Когда выяснилось: найденное ранее мной расширение силлогистики Аристотеля находится генетически в русле идей Эдмунда Гуссерля, все встало на свои места. В итоге появилась эта книга с посвящением памяти Г.С. Батыгина.

Сейчас, работая над обновленным текстом этой книги, я главное внимание уделил детерминационному анализу (DA) и детерминационной логике (DL). В результате я рассматриваю эту книгу как первый том трёхтомника.

Во втором томе под названием «Люди и математика» (он пока в работе) главное внимание уделено идеям Леонарда Эйлера, Макса Вертгеймера, Мартина Бубера, Роджера Сперри, Мишеля Фуко и Роджера Пенроуза.

Многочисленные друзья и коллеги — социологи, математики, экономисты, медики, лингвисты, биологи — поддержали меня в моей работе. И, само собой, я не смог бы сделать эту книгу, не будь рядом Лины, моей жены, и сына Кирилла, который принимал деятельное участие в расширении содержания книги и подготовке её к печати.

Обновленная версия книги появилась благодаря инициативе Ирины Гузман и Павла Мостинского. Марина и Марк Павис, их близкие, а также Зина Долгова чрезвычайно помогли мне в работе над книгой. Им и многим другим, кто оказал мне поддержку в этот период моей жизни, я глубоко благодарен.

Сергей Чесноков, Россия — Израиль, 2008 — 2021 гг.

0. Введение

§ 0.1. Серии диалогов

Книга посвящена роли диалогов в теории сознания, математике и логике. Под диалогом понимается обмен репликами между человеком и его собеседником. В роли собеседника может быть сам человек, некий другой человек, а также любой фрагмент окружающего мира.

Центральный объект книги – серии диалогов типа «вопрос-ответ», когда в пределах каждой серии некий человек, постоянный участник диалогов, обращается поочередно к нескольким собеседникам с одним и тем же набором вопросов, фиксируя их ответы для себя.

Хороший пример такой серии — социологический опрос, когда на десятки одних и тех же вопросов отвечают десятки, сотни и более опрошенных.

Подобные серии диалогов характерны и для обыденной языковой практики. Каждый из нас своего рода социолог. Только наши повседневные «вопросники» короче, – один, два, три вопроса. И собеседников в каждой серии меньше. Их счет идет на единицы, редко на десятки и более. Любой человек пользуется такими «опросами» как источником знаний для построения личной картины мира.

Реплики вопросов и ответов не обязательно вербальные тексты. Это могут быть любые образы. Все, что увидено, услышано, почувствовано как вопрос либо ответ.

Как считает профессор Григорий Е. Крейдлин (дискуссия после доклада [02]), в обыденных диалогах невербальные средства коммуникации (мимика, жесты, детали обстановки и т.д.) составляют не менее 75%.

Серии диалогов с повторяющимися вопросами, более, чем что-либо иное, характеризуют мышление человека в его взаимодействии с внешним миром и самим собой через восприятие и язык.

§ 0.2. Термин «феноменология»

Слово *феноменология* от греческого φαινομενα – *явление, видимое, кажущееся* + λογια – *излагать, называть* [03], – буквально *наука о явлениях*. Эдмунд Гуссерль (1859-1938) и ряд других ученых придали ему смысл *науки о явлениях, представляющих сознание*. В конечном счете все, что воспринимает и осознает любой человек, все, что он выражает средствами языка, есть продукт сознания этого человека в его союзе с мирозданием.

В словосочетании *феноменология диалогов* слово *феноменология* указывает на то, что рассматриваемые феномены, – гештальты реплик, – представляют сознание.

§ 0.3. Гештальты

В 1912 году немецкий психолог Макс Вертгеймер (Max Wertheimer, 1880–1943), исследуя феномен кажущегося движения, открыл экспериментально следующий факт.

Любому образу мира, неважно, простому ли, сложному, мозг человека способен поставить (и ставит) в соответствие элементарный феномен, называемый гештальтом этого образа [04].[2]

Слово *гештальт* происходит от немецкого *gestalt* – форма, образ, структура.

Будучи одним из ключевых элементов человеческого мозга, всякий гештальт элементарен в том смысле, что он *существует* либо *не существует*, и если *существует*, то не имеет других свойств, *кроме локализации в пространстве-времени и производных от неё связей с другими гештальтами.*

Следуя представлениям Вертгеймера, примем следующие три утверждения:

1) *Гештальты суть первоэлементы («атомы») сознания.*

2) *Сознание оперирует только гештальтами, их локализацией в пространстве-времени и связями между гештальтами.*

3). *Реализуя функции сознания, мозг оперирует только гештальтами. Более элементарных единиц сознания не существует.*

Вертгеймер, видимо, опередил время: физиологическое воплощение *гештальта*, как единицы сознания, не что иное, как *отдельный нейрон.*

§ 0.4. Миф о гештальте

Элементарность гештальта часто сводят к способности человека в едином акте восприятия охватить большое число деталей воспринимаемого образа в их взаимосвязи.

---

[2] За 20 лет до того Христиан Эренфельс (Ehrenfels, 1859-1932) — австрийский философ и психолог — открыл так называемые гештальт-качества (*gestalt-qualitat*). Вертгеймер знал об этом. Но свойства гештальтов, как первоэлементов сознания, открыл Вертгеймер, именно его принято считать основателем гештальт-теории сознания.

Без указания на элементарность гештальта как феномена сознания, на отсутствие у него частей и собственных свойств, кроме созданных связями с другими гештальтами, это миф, кочующий по учебникам для философов и психологов. Отношение этого мифа к гештальт-теории Вертгеймера столь же сомнительно, как отношение сентенции «все в мире относительно» к теории относительности Эйнштейна.

К слову, Эйнштейн с интересом следил за исследованиями Вертгеймера. Начиная с 1916 года в серии дружеских бесед, продолжавшихся с вынужденными перерывами много лет, Эйнштейн и Вертгеймер беседовали о реальной психологической истории создания специальной и общей теории относительности через призму представлений о гештальтах[3].

§ 0.5. Гештальт-матрица

Построим прямоугольную таблицу из строк и столбцов. Таблица должна изображать отношения между гештальтами всех реплик в серии диалогов с повторяющимся набором вопросов. Гештальты в клетках таблицы должны представлять сознание автора вопросов.

Условимся обозначать каждый диалог парой строк, расположенных одна под другой. В клетках верхней строки гештальты вопросов, в клетках нижней строки –

---

[3] Вертгеймер вел записи этих бесед. Подробный рассказ о них см. в главе 10 книги «Вертгеймер М. Продуктивное мышление, пер. с англ. М.: Прогресс, 1987». [Wertheimer M., Productive Thinking. Harper & Brothers, New York (1959).]

гештальты ответов. Серию из n диалогов можно изобразить в виде таблицы, содержащей n пар строк:

x_1	x_2	...	x_m
x_{11}	x_{21}	...	x_{m1}
x_1	x_2	...	x_m
x_{12}	x_{22}	...	x_{m2}
$\vdots$	$\vdots$	...	$\vdots$
x_1	x_2	...	x_m
x_{1n}	x_{2n}	...	x_{mn}

$(*)$

Здесь m – число вопросов, n – число диалогов, образующих серию (объем выборки собеседников). В социологических опросах n это объем выборки респондентов.

В таблице $(*)$ каждый из n диалогов представлен гештальтами всех включенных в этот диалог вопросов и ответов. Например, первый сверху диалог представлен гештальтом вопроса x_1 и гештальтом ответа x_{11}; гештальтом вопроса x_2 и гештальтом ответа x_{21} и т.д.

Вопросы повторяются от диалога к диалогу. Очевидно, нет нужды переписывать их в каждом диалоге заново. Таблицу можно упростить, что и делается обычно. Из n повторяющихся строк с гештальтами вопросов оставляют одну верхнюю строку. Прочие строки изображают только гештальты ответов собеседников (в социологии – респондентов). Результат — таблица $(**)$:

x_1	x_2	...	x_m
x_{11}	x_{21}	...	x_{m1}
x_{12}	x_{22}	...	x_{m2}
$\vdots$	$\vdots$	...	$\vdots$
x_{1n}	x_{2n}	...	x_{mn}

$(**)$

Содержимое таблицы читается так: на вопрос x_1 получен ответ x_{11} в первом диалоге, ответ x_{12} во втором диалоге, и так вплоть до ответа x_{1n}, полученного в диалоге n.

Второй столбец содержит, аналогично, ответы на вопрос x_2, и так далее, вплоть до ответов на вопрос x_m, которые находятся в клетках последнего столбца, расположенных ниже двойной линии.

Гештальты, содержащиеся в Таблице (**), представляют, как было сказано, восприятие серии диалогов, локализованное в сознании автора вопросов (явного либо скрытого участника всех диалогов серии). С другой стороны, та же таблица знакома всем, кто когда-либо имел дело с обработкой и анализом данных. Ее наиболее употребительное международное название – *матрица данных* (*data matrix*).

Далее я буду называть ее *гештальт-матрицей* (*gestalt matrix*), имея в виду, что в клетках матрицы (**) содержатся гештальты, феномены, отражающие восприятие диалогов автором вопросов (или тех, кто, как в социологии, психологии, экономике, политологии и т.д., сформировал эти вопросы и будет их интерпретировать, анализируя матрицу данных).

Гештальт-матрицу (**) можно было бы называть *матрицей диалогов* (*dialog matrix*), подчеркивая роль диалогов в ее происхождении. Или *эйдетической матрицей* (*eidetic matrix*), поскольку, как увидим в дальнейшем, гештальт — это частный случай эйдоса (связь между гештальтами и эйдосами подробно обсуждается ниже в главе 1).

§ 0.6. Закон формы

Первичные результаты любого систематического опыта, получаемые человеком, представимы в сознании в виде одной или нескольких гештальт-матриц.

Это справедливо для любой области как обыденной, так и научной познавательной активности человека, независимо от гуманитарной или естественнонаучной ориентации, будь то физика, химия, медицина, биология, демография, лингвистика, археология или персональный жизненный опыт. В любых областях знаний первичные данные в проекции на сознание исследователя представимы в виде гештальт-матриц.

Всякий, кто задался целью что-либо исследовать систематически, вынужден группировать свои данные в виде матриц данных, или (в проекции на сознание) гештальт-матриц. Исключений нет. Обстоятельство, известное любому исследователю на практике. Это закон, я называю его *закон формы* [01].

Существуют области человеческой активности, прямо опирающиеся на этот закон. Практика и теория баз данных, например.

Любая база данных представляет собой одну или несколько взаимосвязанных матриц данных, электронных таблиц. В проекции на сознание это гештальт-матрицы.

Закон формы может рассматриваться как прямое следствие того факта, что строение современных баз данных непосредственно обусловлено строением сознания и практикой диалогов в естественном языке. Это относится к базам данных во всех областях человеческой деятельности, будь то наука, бизнес, менеджмент и т.д.

Любой математический метод анализа эмпирических данных (в том числе любой метод многомерного статистического анализа) есть метод преобразования матриц данных, то есть гештальт-матриц.

Это обстоятельство широко известно специалистам на практике. Оно также иллюстрирует справедливость закона формы. Чаще всего о нем говорят, как о техническом обстоятельстве в связи с необходимостью обработать какие-либо данные.

Клетки матриц данных обычно не ассоциируют с гештальтами, но суть от этого не меняется. В рамках любой математически оформленной аналитической процедуры клетки матриц данных ведут себя как элементарные неделимые сущности, «единицы анализа». В проекции на сознание это и есть гештальты.

§ 0.7. Основной тезис

Гештальт-матрица есть, очевидно, ключевой объект феноменологии сознания.

Исследования гештальт-матриц способны прояснить важные универсальные закономерности работы сознания. Эти детали дополняют и уточняют представления о восприятии, мышлении, языке, развитые в рамках гештальт-теории ее основателем Максом Вертгеймером и его последователями.

Как общий элемент сознания, гештальт-матрица порождает интуицию основных понятий математики и логики, что делает ее уникальным объектом для решения вопроса о происхождении этих областей знания.

§ 0.8. Краткий обзор содержания по главам

В этой книге показано, как из факта обмена репликами в диалогах можно последовательно, шаг за шагом:

1. вывести систему феноменологических операций, поддерживающих функционирование сознания, языка и мышления (Глава 1);

2. получить основные математические объекты, такие, как единица натурального ряда, множество, мера на множестве, функция, переменная (Глава 2);

3. построить логику естественного языка, которая продолжает и развивает традиции логики Аристотеля на началах, отличных от тех, что положены в основу современной математической логики, возникшей немногим более ста лет назад (Глава 3);

4. подытожить сказанное обозначив направления развития идей, высказанных в первых трех главах (Глава 4).

Более развёрнутый обзор по главам:

Глава 1. «Феноменология диалогов в гештальт-теории сознания».

Здесь находит развитие гипотеза, что мозг любого человека оперирует большим количеством гештальт-матриц, которым во внешней перцептивной и языковой активности соответствуют короткие серии диалогов с повторяющимися вопросниками.

Гипотеза выдвинута в 1986 году профессором Вадимом С. Ротенбергом, специалистом по функциональной организации мозга, проблемам сна и адаптации[4], и мной в работе [05].

В главе 1 изложена феноменология операций над гештальт-матрицами. Речь идет об операциях, которые необходимы 1) для восприятия потоков образов, проходящих через сознание, 2) для запоминания взаимосвязанных гештальтов, участвующих в восприятии этих образов с привязкой к пространству и времени, а также 3) для

---

[4] Работы В.С. Ротенберга, замечательного ученого, живущего в Израиле, доступны на его персональном сайте http://www.vsrotenberg.rjews.com/.

формирования многозначных и однозначных ассоциативных связей между гештальтами и классами этих гештальтов.

Связи между гештальтами образов и классами таких образов имеют вид правил детерминационного типа, обеспечивающих функционирование организма, работу мышления и знаковых систем, поддерживающих жизнь человека и язык.

В качестве необходимого рабочего понятия в тексте этой главы вводится понятие эйдоса, как совокупности тождественно неразличимых гештальтов. Будучи математически и физически точным, это понятие не противоречит смыслу, который ассоциирует с ним философская традиция Платона и Аристотеля, в новейшее время поддержанная философией Гуссерля.

Описанные в этой главе функции сознания допускают экспериментальную проверку как in vivo, так и in vitro.

Глава 2. «Феноменология диалогов и основания математики».

Здесь проводится идея, что интуиция, приведшая математиков к основным объектам математического анализа, исторически формировалась гештальт-матрицами. Рассмотрены феноменологические прототипы арифметической единицы, натурального ряда чисел, конечного множества, переменной, функции, меры на множестве.

Особое внимание уделено базовым понятиям теории вероятностей и особенно понятию статистической независимости и статистической связи. Показано, каким образом феноменологическая точка зрения на статистическую связь порождает детерминационную концепцию статистической связи, лежащую в основе детерминационного анализа (DA) [06].

Глава 3. «Феноменология диалогов и основания логики».

Здесь систематично изложены идеи детерминационной логики (DL). Подробно на конкретных примерах показано, как последовательное применение идей феноменологии диалогов приводит к математически точной постановке вычислительной задачи, решением которой в приближении двузначной логики служит классическая силлогистика Аристотеля и ее мощное расширение [07], [08]. Показано также, каким образом возникает органичное обобщение двузначной логики на случай логики многозначной.

Глава 4. «Направления развития».

Здесь названы и прокомментированы наиболее перспективные направления развития идей феноменологии диалогов. Среди них орфография белков, язык дельфинов и теория антропологического разума планеты, существование которого Вернадский рассматривал как необходимое условие перехода биосферы в состояние, которое он называл ноосферой.

Глава 1. Феноменология диалогов в гештальт-теории сознания

§ 1.01. Полная гештальт-матрица

В любой гештальт-матрице есть два столбца, которые обладают замечательными свойствами. Один из них обозначим символом g, другой — символом u.

В столбце g все гештальты попарно разные.

В столбце u все гештальты одинаковые.

Точный смысл слов «разные» и «одинаковые» применительно к гештальтам разъяснен ниже, а пока ограничимся интуитивным пониманием этих слов.

Столбец g определяет объекты восприятия и гарантирует их различимость.

Столбец u определяет совокупность (выборку) объектов, как целое.

Это подтверждает практика конструирования и использования современных баз данных.

Такую практику можно (и нужно) рассматривать как следствие рефлексии относительно того, как функционирует человеческое сознание, оперируя многочисленными типами объектов при условии, что объекты взаимосвязаны между собой и каждый обладает своими специфическими свойствами.

Любая база данных представляет собой совокупность взаимосвязанных электронных таблиц (матриц данных).

Каждая такая таблица есть прямой прототип соответствующей гештальт-матрицы.

И каждая такая таблица (матрица данных) обязательно содержит столбцы g , u. Без них невозможно создать базу данных и анализировать её содержимое с помощью компьютера.

В обычной жизни (серии обыденных диалогов) вопросы g, u и ответы на них присутствуют, как правило, неявно. Реплики, выражающие эти вопросы и ответы, чаще всего невербальные визуальные образы.

Столбцы g, u необходимо учитывать в любой гештальт-матрице. Исходя из этого, в качестве стандартного образа произвольной гештальт- матрицы примем матрицу (1.1):

g	x_1	x_2	...	x_m	u
g_1	x_{11}	x_{21}	...	x_{m1}	U
g_2	x_{12}	x_{22}	...	x_{m2}	U
$\vdots$	$\vdots$	$\vdots$	...	$\vdots$	$\vdots$
g_n	x_{1n}	x_{2n}	...	x_{mn}	U

$$(1.1)$$

Гештальт-матрица со столбцами g, u называется *полной*.

В полной гештальт-матрице $m + 2$ столбцов и $n + 1$ строк; m — *размерность* гештальт-матрицы, а n — ее *объем*.

Минимальная размерность полной гештальт матрицы равна $m = 0$. В ней всего два столбца g, u.

Первая сверху строка гештальт-матрицы называется *собственной*, прочие строки называются *несобственными*.

Гештальты *собственной* строки называются собственными, а гештальты несобственных строк – *несобственными*. Противопоставление эпитетов «собственный – несобственный» учитывает, что строка с гештальтами вопросов порождена сознанием, которому принадлежит гештальт-матрица, поэтому эта строка *собственная*. Все прочие строки привнесены извне, поэтому они *несобственные*.

Объем n гештальт-матрицы есть *число несобственных строк*.

Всякая гештальт-матрица существует только в индивидуальном сознании, поэтому она обязана иметь минимум одну собственную и одну несобственную строку. Таким образом, минимальное число строк гештальт-матрицы равно двум (как и минимальное число столбцов).

Далее любая гештальт-матрица считается по умолчанию полной, если противное не очевидно или не оговорено особо.

Ниже для обозначения гештальтов в столбцах g, u (см. (1.1)) используются словесные обозначения, они указаны в правом столбце следующей таблицы (1.2):

Гештальты столбцов	Словесное обозначение
гештальт g	локальный ключ
гештальты $g_1, g_2, \ldots, g_n$	объекты
гештальт g_k	объект g_k
u	генеральный ключ
U	множество

(1.2)

Краткий комментарий.

Ключ. Слово *ключ* используется в теории и практике баз данных как имя переменной, значения которой суть *идентификаторы* объектов (документов) в электронных

26

таблицах или *матрицах данных*, прямых прототипах гештальт-матриц. В гештальт-матрицах (как и в любой матрице данных) два ключа – *локальный* g и *генеральный и*. *Локальный ключ* идентифицирует диалоги (образы). *Генеральный ключ* идентифицирует серии диалогов (серии образов).

Объекты. Образы, служащие прототипами гештальтов g_k, $k = 1,2 \ldots n$, индивидуальным сознанием воспринимаются как *объекты*.

В теории баз данных образы, прототипы гештальтов $g_1, g_2, \ldots, g_n$ называют *идентификаторами* (ID от английского *identifier*).

Но в жизни гештальты $g_1, g_2, \ldots, g_n$ обычно воспринимаются как *образы объектов, обладающих определенными свойствами*. Для физика-экспериментатора это образы экспериментальных точек. Для социолога – образы респондентов. Для зоолога-систематика это образы живых организмов. Для археолога, занятого раскопками, это образы предметов, извлеченных при раскопках. Для биолога, изучающего белки, это образы протеинов. И так далее.

Множество. Слово *множество*, как обозначение образа, отображаемого гештальтом U, означает то же, что обозначаемое тем же словом понятие в математической теории множеств [09]. Если $g_1, g_2, \ldots, g_n$ объекты, то U есть множество этих объектов. Используя широко принятую запись множества, отношение между U и объектами $g_1, g_2 \ldots g_n$ обычно обозначают так:

$$U = \{g_1, g_2, \ldots, g_n\} \qquad (1.3)$$

Читается: множество U, состоящее из элементов $g_1, g_2, \ldots, g_n$.

Представляя серию диалогов с повторяющимся вопросником, гештальт-матрица (1.1) вместе с тем есть не что иное, как *полный комплект гештальтов, формирующих в сознании интуицию и точный смысл понятия «множество элементов, обладающих определенными свойствами».*

Здесь мы сталкиваемся с проблемой происхождения понятия *множество*, – понятие, которое считается в современной математике базовым. Подробнее об этом в следующей главе, см. параграф «Множество и гештальт-матрица».

В локальных предметных практиках гештальт U обозначает множество, характерное для той или иной практики. Например, в выборочных исследованиях символ U обозначает гештальт выборки. В социологических опросах это гештальт выборки респондентов. В практике баз данных это гештальт множества документов в одной электронной таблице. В теории вероятностей это гештальт множества элементарных событий. И так далее.

§ 1.02. Существование гештальтов

В каждый данный момент времени любой гештальт *существует*, либо *не существует*. Утверждение, что гештальт существует в данный момент, равносильно утверждению, что *в этот момент он активизирован*. Говоря о любом гештальте, как о существующем вообще, мы молчаливо соотносим его с тем моментом времени, когда он был активизирован.

§ 1.03. Восприятие образов по Вертгеймеру

Пусть α это некоторый внешний образ произвольной сложности. По Вертгеймеру при восприятии образа α в сознании актуализируется гештальт $g(\alpha)$, представляющий образ α как единое нерасчленимое целое. Одновременно актуализируется совокупность гештальтов $G(\alpha)$, представляющих гештальты *частей* и *свойств* образа α.

Понятия *часть* и *целое* вне сознания и внутри него имеют различный смысл. Вне сознания часть *входит* в целое. Внутри сознания часть существует *наряду* с целым, отдельно от него.

Заметив это, Вертгеймер фактически указал на ошибку, которую допускали (и допускают до сих пор) большинство исследователей, занятых поиском точной теории восприятия образов произвольной сложности. В поисках такой теории они исходят из предположения, что *элементарное в сознании* обязано быть *элементарным вне сознания*. Это грубая ошибка.

Элементарный феномен сознания (гештальт) не обязан быть выражением элементарного феномена во внешнем мире.

Образ *сложен*, а его гештальт *элементарен*. По жизни, на уровне обыденной феноменологии, доступной каждому, этот факт очевиден.

Мы с одинаковой легкостью оперируем галактиками и элементарными частицами. Нас не смущает чудовищная разница масштабов, несопоставимость уровней детализации.

Каждый способен абсолютно органично оперировать в мыслях любым сколь угодно сложным объектом, принимая его за нерасчленимое целое, но указывая одновременно на дополнительные объекты, которые «входят в его состав» или «служат его свойствами». Гештальт-теория объясняет, почему это возможно.

Эта теория не объясняет многих деталей и особенностей функционирования полей гештальтов в сознании. Но она дает замечательно внятную платформу для осмысления с единых позиций большого количества экспериментальных фактов, касающихся работы мозга. В том числе и тех, которые не были известны Вертгеймеру.

В 1981 году половина Нобелевской премии по физиологии и медицине была присуждена американскому ученому Роджеру Сперри (Roger Sperry, 1913–1994), — за исследования функциональной специализации полушарий головного мозга [10]. Другую половину получили Дэвид Хьюбел (David Hubel, 1926–2013) и Торстен Визель (Torsten Wiesel, р. 1924), — за исследования, объясняющие, как компоненты изображения на сетчатке глаза любого визуально воспринимаемого образа считываются и анализируются клетками коры головного мозга [11], [12].

В работе [13] профессор В.С. Ротенберг обращает внимание на обстоятельство, важное с точки зрения фундаментальных проблем ментального здоровья и психотерапии. В норме (у праворуких) *левое полушарие* головного мозга оперирует *словесными контекстами*, в которых образы имеют *однозначную семантику*, в то время как *правое полушарие* специализируется на операциях *с бессловесными контекстами*, в которых *семантика многозначная*. Ниже, в разделе «Однозначные и многозначные D-правила», показано, как гештальт-матрицы объясняют, что может означать эта констатация.

§ 1.04. Произвольные образы в гештальт-матрице

Гештальт-матрицу (1.1) можно рассматривать как гештальт-представление последовательности из *n* образов.

Посмотрим, как это согласуется с механизмом восприятия образов, который указан Максом Вертгеймером.

Обозначим образ под номером $k = 1, 2 \ldots, n$ символом α_k. В гештальт-матрице (1.1) этот образ представлен комбинацией гештальтов (1.4):

$$
\begin{array}{|c|c|c|c|c|c|}
\hline
g & x_1 & x_2 & \ldots & x_m & U \\
\hline
g_k & x_{1k} & x_{2k} & \ldots & x_{mk} & U \\
\hline
\end{array}
\qquad (1.4)
$$

Нижняя строка содержит гештальт g_k образа α_k. Там же находятся гештальты $x_{1k}, x_{2k}, \ldots x_{mk}, U$, обозначим их символом $G(\alpha_k)$. Это гештальты, формирующие детали воспринимаемого образа, – его части, свойства этих частей, а также свойства образа как целого. Состав гештальтов нижней строки в (1.4) согласуется с механизмом восприятия сложных образов по Вертгеймеру.

Но есть новый момент — верхняя строка.

§ 1.05. Диполи гештальтов

Гештальты верхней строки в (1.4) превращают каждый гештальт нижней строки в «вертикальный диполь» – пару «вопрос - ответ».

Как образуются такие пары в диалогах, понятно.

Но что могут означать гештальты верхней строки в случае зрительных образов? Или образов, воспроизводимых в воображении при чтении текста?

Возможный ответ такой.

В зрительных образах гештальты верхней строки в (1.4) представляют сайты пространственной локализации гештальтов в ткани мозга.

Зрительные образы всегда представляют собой диполи. Это с очевидностью иллюстрирует способ воспроизведения зрительных образов в мониторах, цифровых фотоаппаратах, видеокамерах. Роль гештальтов верхней строки выполняют пиксели экрана. Роль гештальтов нижней строки выполняют цветовые пятна. Система диполей «пиксель-цветовое пятно» способна воспроизвести любой зрительный образ, что и используют конструкторы медиа- аппаратуры.

Для образов, воспроизводимых в сознании при чтении, гештальты «вопросов» суть гештальты фрагментов текста, на которые направлено внимание в данный момент.

Гештальты нижней строки суть гештальты образов, ассоциированных с этими фрагментами, подобно тому, как означаемое ассоциировано с означающим (если следовать семиотической терминологии).

Разным типам образов соответствуют гештальт-матрицы разной размерности m и разного объема n.

Размерность m в одних случаях не превышает одной-двух-трех единиц, в других может измеряться десятками. Размерность m гештальт-матриц, представляющих в сознании потоки визуальных образов, может измеряться сотнями и тысячами гештальтов.

Во всех случаях большие объемы n возможны при малых m. С ростом m растет вероятность, что образ уникален, т.е. что гештальт-матрицы большой размерности m имеют объем $n = 1$.

§ 1.06. Пространство, время, движение

Когда сознание фиксирует серию диалогов, гештальты реплик активизируются в нем один за другим, по мере того как идет диалог. Это происходит и на протяжении каждого диалога, и при переходе от диалога к диалогу.

Но если гештальт-матрица — это поток визуальных, слуховых, тактильных образов, ситуация иная. Образы сменяют друг друга во времени. Но гештальты каждого нового образа появляются практически сразу, одновременно. Течение времени отражается только в переходах от образа к образу. То есть, время воплощено в потоках одномоментно локализованных и следующих друг за другом образов.

Собственные гештальты диполей в (1.4) привязаны к разным сайтам в пространстве мозга. Переходы от диполя к диполю в пространстве мозга обеспечивают ориентацию в реальном пространстве.

Замена любого несобственного гештальта *нижней* строки в (1.4) при неизменном сайте соответствующего диполя воспринимается сознанием как *ход времени*.

Замена гештальта *верхней* строки в (1.4) при неизменном гештальте нижней строки фиксируется сознанием как *движение*. Наблюдение этого эффекта привело Вертгеймера к открытию гештальтов.

В гештальт-матрице (1.1) пространственные отношения заданы положением гештальтов в пределах любой фиксированной строки.

Время, напротив, задано положением гештальтов в пределах любого фиксированного столбца. В гештальт-матрице (1.1) *пространство «горизонтально», а время «вертикально».*

§ 1.07. Сохранение дипольной структуры

Дипольная структура образов сохраняется всегда.

Реальные образы отображаются в сознании парами строк типа (1.4). В гештальт-матрице (1.1) все собственные строки этих пар превращены в единственную верхнюю строку гештальт-матрицы.

Так экономится место при изображении гештальт-матрицы. Но нужно помнить, что это лишь условность. Любой гештальт верхней строки существует только как *элемент многих распределенных во времени диполей*, которые этот гештальт образует *с каждым гештальтом столбца матрицы* (1.1).

Реальность – образы в форме (1.4)*. Условность – образы в виде несобственных строк матрицы* (1.1)*.*

§ 1.08. Связи между гештальтами

Совместное появление гештальтов в строках и столбцах отражает два типа *связей между гештальтами*.

Пространственноподобные связи – это связи между гештальтами любой одной строки.

Времениподобные связи — это связи между гештальтами в пределах любого одного столбца.

Пример. Рассмотрим матрицу (1.5), вариант гештальт-матрицы (1.1), соответствующий случаю, когда параметры $m = 1$, $n = 3$ (частный случай матрицы (1.1)):

g	x	u
g_1	a	U
g_2	a	U
g_3	$\overline{a}$	U

(1.5)

Здесь, как и в гештальт-матрице (1.1), g — локальный ключ, u — генеральный ключ.

Гештальты любой отдельно взятой строки в этой матрице связаны попарно пространственноподобной связью. Это применимо, например, к гештальтам a, g_1 из второй сверху строки, так как они находятся в одной строке, но в разных столбцах.

Гештальты любого отдельно взятого столбца связаны времениподобной связью. Например, гештальты столбца x связаны времениподобной ассоциативной связью, так как находятся совместно в одном столбце, но в разных строках.

В зрительных образах *пространственноподобная связь* отвечает одномоментному появлению гештальтов в разных точках пространства. *Времениподобная связь* отвечает появлению гештальтов в одном сайте пространства мозга в разные моменты времени.

В зрительных и тактильных образах связи между гештальтами одной строки обусловлены пространственными отношениями сайтов мозга.

В образах слуховых и обонятельных такая обусловленность должна проявляться в меньшей степени.

В образах, воспроизводимых средствами языка (при чтении текстов или в диалогах), эта обусловленность нарушена или вообще отсутствует.

Тем не менее, удобно говорить о связях гештальтов в строках как о связях *пространственноподобных*, а о связях гештальтов в столбцах как о связях *времениподобных*.

§ 1.09. Физическая различимость гештальтов

Сами по себе, безотносительно к чему бы то ни было, все гештальты, как элементы мозга (нейроны), идентичны. Это следует из их функциональной (но не физической!) элементарности.

Различимость каких-либо двух гештальтов, если она имеет место, обусловлена *только связями этих гештальтов с третьими гештальтами*.

Выделяется случай, когда эти «третьи гештальты» суть гештальты сайтов, определяющих пространственное положение (пространственную локализацию) в ткани мозга.

Любые два гештальта привязаны либо к двум разным сайтам, либо к одному общему. Это общее положение.

Когда сайтов два, это автоматически означает, что гештальты имеют разную пространственную локализацию. Такие гештальты всегда различимы, так как у них разное положение в ткани мозга.

Различимость этого типа будем называть *физической различимостью*, а сами гештальты *физически различимыми*.

Если у гештальтов сайт один, они физически неразличимы. Такие гештальты будем также называть *физически идентичными*.

Физически идентичные гештальты не могут существовать в один и тот же момент времени. Моменты, когда происходит активизация таких гештальтов, обязаны быть разными.

Заметим также, что все гештальты $g_1, g_2, \ldots, g_n$, образующие локальный ключ g гештальт-матрицы (1.1), обязаны быть попарно физически различимыми. Только в этом случае они могут быть идентификаторами несобственных строк гештальт-матрицы (1.1).

Желая подчеркнуть физическую неразличимость гештальтов, будем обозначать их одинаковыми символами.

§ 1.10. Ассоциативная различимость гештальтов

Любые два физически неразличимых гештальта, находящихся в каком-либо одном столбце гештальт-матрицы (1.1), тем не менее, различимы. Такая различимость называется *ассоциативной*, поскольку она гарантирована ассоциативной связью любого гештальта с гештальтами локального ключа g .

Посмотрим, как возникает ассоциативная различимость на простом примере. В гештальт-матрице (1.5) гештальты столбца x, обозначенные одним и тем же символом a, физически неразличимы. Тем не менее, они различимы благодаря ассоциативной связи с гештальтами g_1 и g_2. Механизм ассоциативной различимости иллюстрирует рисунок 1.1:

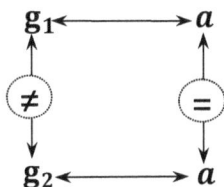

Рис. 1.1. Ассоциативная различимость
одинаковых гештальтов a, a.

Справа изображены гештальты столбца x из гештальт-матрицы (1.5), обозначенные символом a. Использование одного и того же символа a подчеркивает, что у гештальтов общий пространственный сайт, они физически неразличимы, т.е. представляют собой две актуализации гештальта a в разные моменты времени.

§ 1.11. Потенциальные эйдосы в гештальт-матрицах

Слово *эйдос* – калька с греческого *εἶδος — вид, идея, качество* [03].

37

А. Ф. Лосев (1893–1988) [14] со ссылкой на П. Броммера (P. Brommer [15]) указывает, что в корпусе текстов Платона (427–347 до н.э.) понятие *эйдос* появляется впервые в диалоге «Менон», 72e [16].

Это понятие используется в силлогистике Аристотеля (384–322 до н.э.) [17] и в феноменологии Гуссерля [18].

В феноменологии диалогов эйдосы возникают как объекты феноменологии сознания, которые играют ключевую роль в функционировании полей гештальтов.

Эйдос объект особого рода. Это *совокупность тождественных (абсолютно неразличимых) гештальтов.*

Впервые такое понимание эйдоса было предложено в монографии [19]. Оно также детально разъяснено в работе [01]. В обеих работах вместо термина *гештальт* использован термин *платон* (по имени греческого философа). К выводу о существовании природных объектов, названных мной *платонами*, я пришел в 1972 году.

Все без исключения гештальты любой гештальт-матрицы различимы физически или ассоциативно. Поэтому в гештальт-матрицах эйдосы существуют только потенциально.

Реально увидеть их невозможно по простой причине: гештальты, образующие эйдос, нельзя отличить друг от друга никакими средствами. *Совокупность таких абсолютно неотличимых друг от друга гештальтов всегда должна восприниматься (и воспринимается) как один гештальт.*

Благодаря этому эйдос не похож на обычное множество различимых элементов. Интуиция совокупности *различимых* элементов при наблюдении эйдоса бесполезна.

Несмотря на то, что все компоненты эйдоса наблюдаемы, о существовании эйдоса мы можем только умозаключать, другого не дано. Эту трудность Платон выразил метафорой пещеры, где люди обречены видеть только тени предметов на стене, но сами предметы им недоступны [20].

Допустим, что в каком-либо столбце гештальт-матрицы имеется $\mu(a)$ физически неразличимых гештальтов a. Такие гештальты имеют, по определению, общий сайт и образуют *потенциальный эйдос*. Число $\mu(a)$ будем называть *объемом* потенциального эйдоса a.

Гештальт потенциального эйдоса физически неотличим от любого другого гештальта в составе того же эйдоса. Поэтому эйдос обозначается тем же символом, что и любой гештальт, который его образует.

Например, в гештальт-матрице (1.5) гештальты столбца x обозначенные символом a, образуют эйдос a, объем которого $\mu(a) = 2$.

§ 1.12. Актуальные эйдосы в гештальт-матрицах

Рассмотрим конкретный пример: потенциальный эйдос a объема $\mu(a) = 2$ в столбце x гештальт-матрицы (1.5).

Как из потенциального эйдоса получить *актуальный* эйдос того же объема? Для этого, очевидно, нужно убрать все возможности ассоциативной различимости гештальтов потенциального эйдоса. В итоге должен получиться актуальный эйдос a – совокупность из двух в принципе неразличимых гештальтов a.

Попробуем убрать ассоциативную различимость. Обращаю внимание, что это невозможно сделать, если не перейти от образов реального мира к их гештальт-представлению в виде гештальт-матриц.

39

В гештальт-матрице (1.5) все возможности ассоциативного различения гештальтов столбца x обеспечивает локальный ключ g. Это видно при взгляде на гештальт-матрицу (1.5), если учесть механизм ассоциативной различимости, показанный на рисунке 1.1. Гештальты столбца u не дают вклад в ассоциативную различимость гештальтов столбца x.

Итак, нужно удалить все возможности ассоциативной различимости гештальтов столбца x. Первое, что приходит в голову, это удалить столбец g, оставив только столбцы x, u. Проделаем это:

x	u
a	U
a	U
$\overline{a}$	U

(1.6)

Задача, как может показаться, решена. Но это не так. Ведь убрать надо *все* возможности ассоциативного различения гештальтов столбца x. Формально удалив столбец g, *мы эту задачу не решили*.

Причина неудачи в том, что при изображении гештальт матрицы (1.6) на листе бумаги или экране монитора функции ассоциативной различимости выполняют не только гештальты столбца g, но и пространственные сайты в изображении гештальт-матрицы (1.6). Мы удалили столбец g. Но *различимость все равно осталась*. Она осталась благодаря *гештальтам разных* пространственных *сайтов листа бумаги или монитора, на которые проецируются гештальты столбца x в гештальт-матрице* (1.6). Столбец g формально устранен. Явно его нет. Но неявно он присутствует.

Задача теперь состоит в том, чтобы устранить эту последнюю возможность различения гештальтов столбца x.

Есть только один способ сделать это. Он состоит в том, чтобы объединить, «слить» физически идентичные строки гештальт-матрицы (1.6).

Всякое разделение этих строк неизбежно равносильно их ассоциативной различимости по ассоциации с разными сайтами пространства. Нужно объединить эти строки. Это единственная возможность избавиться от ассоциативной различимости. Проделаем это. Окончательный результат имеет вид гештальт-матрицы (1.7).

$$
\begin{array}{|c|c|c|}
\hline
x & u & 3 \\
\hline
a & U & 2 \\
\hline
\overline{a} & U & 1 \\
\hline
\end{array}
\qquad (1.7)
$$

Здесь пары $(a, 2)$ и $(\overline{a}, 1)$ представляют собой, по определению, *актуальные эйдосы.* Символы a и $\overline{a}$ суть обозначения эйдосов. Символы 3, 2, 1 обозначают их объемы. Объем эйдоса a равен $\mu(a) = 2$, объем эйдоса $\overline{a}$ равен $\mu(\overline{a}) = 1$. Сумма $2 + 1$ этих объемов равна объему 3 исходной гештальт-матрицы (1.5). Кроме актуальных эйдосов $(a, 2)$ и $(\overline{a}, 1)$ в матрице (1.7) имеются актуальные эйдосы $(x, 3)$, $(u, 3)$, $(U, 2)$ и $(U, 1)$.

§ 1.13. Эйдетическая редукция

Операция удаления ассоциативных «горизонтальных» связей при переходе от матрицы (1.5) к матрице (1.7) это пример *эйдетической редукции.*

Чтобы все потенциальные эйдосы какого-либо столбца x гештальт-матрицы стали актуальными эйдосами, достаточно редуцировать все столбцы гештальт-матрицы, кроме генерального ключа u и заданного столбца x, и ввести дополнительный столбец μ, в котором будут отмечены объемы эйдосов. Столбец x автоматически станет локальным ключом матрицы размерности $m = 1$. А его потенциальные эйдосы станут актуальными эйдосами и *новыми объектами*.

Именно так произошло при переходе от гештальт-матрицы (1.5) с локальным ключом g, к гештальт матрице (1.7), где редукция локального ключа g привела к тому, что появился столбец 3 (это значит, что $\mu = 3$), столбец x стал локальным ключом, а все его гештальты «сжались» в эйдос a объема $\mu(a) = 2$ и эйдос $\overline{a}$ объема $\mu(\overline{a}) = 1$.

§ 1.14. Эйдетическая редукция по Гуссерлю

Эдмунд Гуссерль в рамках феноменологической философии ввел понятие эйдетической редукции, как одной из ключевых операций сознания.

Опираясь на саморефлексию, индивидуальное сознание выделяет в воспринимаемом образе (не обязательно внешнем) его эйдос, элиминируя, отбрасывая привходящие детали и свойства.

Переход от гештальт-матрицы (1.5) к гештальт-матрице (1.7) конкретизирует введенное Гуссерлем понятие эйдетической редукции применительно к гештальтам.

Операция эйдетической редукции лежит в основе любого абстрагирования.

§ 1.15. Происхождение целых чисел

Принимая во внимание универсальность представления образов мира в виде гештальтов и закон формы, мы обязаны сделать вывод, что в этом случае мы *не применяем счет*, а *воспроизводим операцию, онтологически* предшествующую *счету*. Появление чисел 3, 2, 1 в результате эйдетической редукции вскрывает механизм возникновения чисел в истории цивилизации. Подробнее об этом в главе 2.

§ 1.16. Память

В гештальт-матрице (1.7) символы целых чисел 3, 2, 1 появились как обозначение *памяти* о гештальтах в гештальт-матрице (1.5) до того, как ее строки с физически идентичными гештальтами оказались слитыми в неразделимое единое целое в результате эйдетической редукции.

Память, воплощенная в числах 3, 2, 1, позволяет по матрице (1.7) восстановить исходную гештальт-матрицу (1.5).

Число 3 указывает объем исходной матрицы, общее число ее строк. Число 2 говорит о том, что две строки из трех образованы гештальтами a, U. Число 1 указывает, что третья строка образована гештальтами $\overline{a}, U$.

Чтобы восстановить локальный ключ g, следует воспользоваться гештальтами любых трех попарно физически различимых образов. В итоге получим гештальт-матрицу (1.5).

Механизм возникновения чисел 3, 2, 1 иллюстрирует реальный механизм памяти. Пример показывает, что память обусловлена эйдетической природой сознания.

§ 1.17. Память человека и память компьютера

Компьютер способен решить, хранится или нет в его памяти предъявляемое слово, только путем перебора всех хранящихся в памяти слов, в ходе которого машина сопоставляет каждое имеющееся в ее памяти слово с предъявляемым.

Человек ничего подобного не делает. Он ничего не перебирает. У него в мозгу около сотни тысяч сайтов, способных актуализировать гештальты ранее воспринятых слов.

Встречая слышанное ранее слово, человек сразу актуализирует его гештальт, и эйдос этого слова увеличивается в объеме на единицу. Объем *больше единицы*, и это значит, что слово уже воспринималось ранее.

Если же человек встречает новое слово, он сразу способен оценить, что такого слова в его памяти нет. Это происходит потому, что гештальт воспринятого слова образует *эйдос, объем которого равен единице.* Единичный объем эйдоса свидетельствует, что гештальт возник впервые. И человек мгновенно понимает, что слово новое. Ему не надо никаких переборов и сравнений. Это принципиально отличает память человека от памяти компьютера.

На месте слова, очевидно, может быть любой образ. Эйдетическое восприятие универсально.

§ 1.18. Смена объектов

Обратим внимание: матрица (1.7) полная. Преобразование, превратившее матрицу (1.5) в матрицу (1.7), привело к *смене объектов.* Объекты, g_1, g_2, g_3 перестали существовать. Новым локальным ключом стал столбец x, а эйдосы $a, \overline{a}$ – новыми объектами. Превращение потенциальных эйдосов в актуальные *всегда сопровождается сменой объектов.*

§ 1.19. Существование эйдосов

Любой актуальный эйдос, если он существует, имеет объем больше нуля. Эйдосов нулевого объема не бывает.

Любой гештальт это, по определению, эйдос объема 1 или *единичный эйдос*. Понятие «*эйдос*» обобщает понятие *гештальта*.

Любой эйдос пространственно локализован в ткани мозга. Сайт локализации тот же, что сайт образующих его гештальтов.

§ 1.20. Объемы собственных эйдосов

Понятие эйдоса позволяет корректно учесть то, что гештальты вопросов в гештальт-матрице (1.1) повторяются.

Изображая совокупность диалогов, мы объединили все одинаковые строки с гештальтами вопросов в одну собственную (верхнюю) строку гештальт-матрицы. Это род эйдетической редукции.

В этой связи замечу: то, что мы до сих пор называли *собственными гештальтами* (гештальтами верхней, собственной строки), правильнее было бы называть *собственными эйдосами*.

Объем каждого собственного эйдоса гештальт-матрицы не меньше, чем объем n гештальт-матрицы.

Почему именно «не меньше, чем n», а не «в точности равен n»? Это легко объяснить.

В сознании у любой гештальт-матрицы есть предыстория, от нее зависят объемы эйдосов. Например, гештальт-матрицу (1.8)

x	u
a	U
$\overline{a}$	U

(1.8)

полученную из (1.7) удалением столбца 3, можно в зависимости от предыстории представить минимум двумя разными способами. Каждому отвечают свой механизм подсчета объемов эйдосов:

<table>
<tr><td colspan="3">Способ 1</td></tr>
<tr><td>x</td><td>u</td><td>3</td></tr>
<tr><td>a</td><td>U</td><td>2</td></tr>
<tr><td>$\overline{a}$</td><td>U</td><td>1</td></tr>
</table>

<table>
<tr><td colspan="3">Способ 2</td></tr>
<tr><td>x</td><td>u</td><td>2</td></tr>
<tr><td>a</td><td>U</td><td>1</td></tr>
<tr><td>$\overline{a}$</td><td>U</td><td>1</td></tr>
</table>

(1.9)

Способ 1 определяет гештальт-матрицу (1.8) как результат операции эйдетической редукции при переходе от матрицы (1.5) к матрице (1.7).

Способ 2 определяет ту же гештальт-матрицу как поток из двух следующих друг за другом образов (1.10):

<table>
<tr><td colspan="3">Образ a</td></tr>
<tr><td>x</td><td>u</td><td>1</td></tr>
<tr><td>a</td><td>U</td><td>1</td></tr>
</table>

<table>
<tr><td colspan="3">Образ $\overline{a}$</td></tr>
<tr><td>x</td><td>u</td><td>1</td></tr>
<tr><td>$\overline{a}$</td><td>U</td><td>1</td></tr>
</table>

(1.10)

Разные способы образования актуальных эйдосов приводят к разным способам подсчета их объемов. Это надо учитывать при сопоставлении данных гештальт-теории с данными нейрофизиологических исследований активности мозга.

§ 1.21. Мера

Приведенные примеры показывают, что всякая гештальт-матрица общего вида (1.1) должна быть дополнена еще одним столбцом μ, для обозначения которого естественно использовать слово *мера*. Клетки этого столбца содержат целые числа, показывающие предысторию гештальт-матрицы:

g	x_1	x_2	...	x_m	u	μ
g_1	x_{11}	x_{21}	...	x_{m1}	U	$\mu(g_1)$
g_2	x_{12}	x_{22}	...	x_{m2}	U	$\mu(g_2)$
$\vdots$	$\vdots$	$\vdots$	...	$\vdots$	$\vdots$	$\vdots$
g_n	x_{1n}	x_{2n}	...	x_{mn}	U	$\mu(g_n)$

(1.11)

Числа в столбце μ связаны соотношением

$$\mu = \sum_{k=1}^{k=n} \mu(g_k) \qquad (1.12)$$

Когда сознание «чистая доска», *tabula rasa*, это означает, что у гештальт-матрицы нет предыстории или она не играет никакой роли в процессах мышления. В этом случае несобственные гештальты рассматриваются как единичные эйдосы (именно так мы до сих пор рассматривали несобственные гештальты матрицы (1.1)). В этом случае $\mu = n$, а все величины $\mu(g_i)$, $i = 1,2,\dots n$ становятся равными единице:

g	x_1	x_2	...	x_m	u	n
g_1	x_{11}	x_{21}	...	x_{m1}	U	1
g_2	x_{12}	x_{22}	...	x_{m2}	U	1
$\vdots$	$\vdots$	$\vdots$	...	$\vdots$	$\vdots$	$\vdots$
g_n	x_{1n}	x_{2n}	...	x_{mn}	U	1

(1.13)

Соотношение (1.12) при этом, очевидно, сохраняется.

Слово *мера*, обозначающее объем эйдосов, заимствовано из раздела математики, называемого теорией меры. В рамках этой теории величины $\mu(g_i)$, $i = 1,2,\dots n$ принято называть *плотностью меры*.

Теория меры возникла в начале XX века. Среди ее основоположников Эмиль Борель (*Émile Borel*, 1871–1956) и Анри Лебег (*Henri Lebesgue*, 1875–1941).

Современная теория вероятностей может рассматриваться как специальный раздел теории меры [21].

Понятие меры применительно к гештальт-матрицам проясняет истоки математической интуиции, приведшей в XVII веке к теории вероятностей, а в начале XX века к теории меры.

Замечание 1. При более детальном изучении гештальт-матриц становится ясно: столбцы, гештальты которых находятся во взаимно-однозначном соответствии друг с другом, следует считать эквивалентными. В гештальт-матрице (1.13) столбцы u, n эквивалентны. Поэтому в гештальт-матрицах без предыстории столбец n можно опустить, как это сделано в гештальт-матрице (1.1), где столбец n явно отсутствует, но неявно предполагается.

Замечание 2. В подавляющем большинстве эмпирических исследований в науке, технике, бизнесе, менеджменте гештальт-матрицы имеют вид (1.13), т.е. рассматриваются как гештальт-матрицы без предыстории. Практически во всех случаях использования методов анализа данных опыта предыстория отсутствует.

§ 1.22. Эйдетическая эквивалентность

При восприятии образа актуализируется его эйдос.

Рецепторы (будь то рецепторы сетчатки глаза, ушной раковины, кожи, полости носа или рта) фиксируют комбинацию раздражителей, соответствующую этому образу. Эйдос образа актуализируется под влиянием возникшей комбинации раздражителей.

Если эйдос уже существует в сознании, он актуализируется сразу. Эйдетическая идентификация образа либо происходит практически мгновенно, либо не происходит, и тогда запускается процесс «аналитического узнавания» через комбинации эйдосов, представляющих детали и свойства образа.

Этот механизм отвечает за практическое содержание понятия «эйдетическая эквивалентность». Он «решает», какие образы эйдетически эквивалентны, а какие нет.

Обсуждение того, как действует этот механизм в терминах нейрофизиологии, требует обращения к результатам специальных эмпирических исследований, подобных тем, что легли в основу работ [11], [12] по физиологии восприятия зрительных образов. Это выходит за пределы данной работы.

Физически идентичные образы обязаны быть эйдетически эквивалентными с очевидностью. Но эйдетическая эквивалентность *не предполагает обязательной физической идентичности образов*.

Эйдос хризантемы состоит из физически идентичных гештальтов. Но это не значит, что все цветки одинаковы. Индивидуальные экземпляры могут различаться размером, оттенками тона, другими деталями и свойствами. Это не мешает образу каждого цветка отображаться в сознании идеей хризантемы, ее эйдосом.

Образы объемных призм меняются в зависимости от ракурса во взгляде на призму, количества ее граней, размера. Одна и та же призма порождает бесчисленное количество физически различных образов. Но это не мешает им всем быть эйдетически эквивалентными относительно эйдоса «призма».

Объяснить, как возникает эйдетическая эквивалентность физически различных образов, можно следующим способом.

§ 1.23. Абсолютная и относительная эквивалентность эйдосов

Эйдетическая эквивалентность бывает двух типов: абсолютная и относительная.

Абсолютная эйдетическая эквивалентность образа устанавливается прямым переходом от сочетания физических сигналов, поставляемых рецепторами, к гештальту (эйдосу) образа. Это не предполагает активной роли сознания.

Относительная эйдетическая эквивалентность учитывает сочетания эйдосов, представляющих части и свойства образа.

На рисунке 1.1 гештальты g_1 и g_2 соответствуют двум физически разным образам. Но по свойству a гештальты g_1 и g_2 в парах (g_1, a) и (g_2, a) *эквивалентны относительно эйдоса a*. Такой механизм установления эквивалентности предполагает активную роль сознания.

Абсолютная эйдетическая эквивалентность может быть весьма грубой. Механизм относительной эйдетической эквивалентности допускает более тонкую настройку процесса восприятия эйдетической эквивалентности.

Пример, рассмотренный только что, упрощенный. Реально в установлении относительной эйдетической эквивалентности принимают участие многие эйдосы. Особую роль при этом играют направленные ассоциативные связи между эйдосами.

§ 1.24. Эйдетическая кодификация

Сознание человека кодифицирует воспринимаемые образы, формируя идеи, положенные в основу обыденных и научных знаний.

Эйдетическая кодификация без преувеличения основа жизни. Хорхе Луис Борхес (1899–1986) в изящном рассказе «Фунес, чудо памяти» [22] показывает, что могло бы случиться, если бы эйдетическая кодификация вдруг исчезла, и все гештальты человека стали бы уникальными единичными эйдосами. Вспоминая пережитое, такой человек тратил бы на вспоминание столько же времени, сколько ему потребовалось, чтобы пережить то, что он вспоминает.

Эйдетическими кодификациями обусловлены главные социальные коллизии в жизни общества. С определенной точки зрения все социальные процессы суть процессы эйдетической кодификации.

Власть любого типа (политическая, культурная, педагогическая, экономическая) закрепляет одни формы эйдетической кодификации и подавляет другие. В этом социальная суть власти.

Конституции, законы, кодексы гражданского и уголовного права, корпоративные и ведомственные инструкции, – все это суть инструменты укрепления одних видов эйдетической кодификации при подавлении других.

Толковые словари, учебники, цены, деньги, символический капитал по Пьеру Бурдье (1930–2002) [23], – все это средства, которыми регулируются процессы эйдетической кодификации в обществе.

§ 1.25. Физика оперирования эйдосами

Устойчивой узнаваемой единицей мышления и языка становится лишь такой образ α, который в ткани мозга отображается в виде эйдоса a, представляющего в сознании идею образа α.

Пусть a – эйдос образа α. Материальный носитель эйдоса a некий физический феномен $X(a)$, расположенный в ткани мозга, обладающий следующими свойствами:

1. В каждый момент времени феномен $X(a)$ находится в одном из двух состояний a либо $\bar{a}$.

2. Состояние a означают актуализацию эйдоса a (а вместе с ним и образа α) в данный момент. Состояние $\bar{a}$ означает, что эйдос a в данный момент не актуализирован.

3. Каждая актуализация эйдоса a есть вместе с тем актуализация гештальта $g(\alpha)$ образа α, а также совокупности $G(a)$ других эйдосов ассоциированных с эйдосом a. Состав $G(a)$ меняется в течение жизни.

4. Актуализация эйдоса a может быть вызвана либо органами восприятия, либо актуализацией другого эйдоса (других эйдосов).

5. Феномен $X(a)$ содержит нелинейный счетчик, регистрирующий в течение жизни изменение абсолютного объема эйдоса a.

6. Феномен $X(a)$ локализован в определенном сайте пространства мозга.

7. Феномен $X(a)$ неспецифичен в отношении эйдоса a во всем, кроме сайта пространственной локализации и совокупности $G(a)$ ассоциированных эйдосов.

8. Если при восприятии образа α' актуализирован эйдос a образа α, то образы a и α эйдетически эквивалентны.

§ 1.26. Возраст человека и формирование эйдосов

Через сознание человека проходят образы. Их поток не ослабевает всю жизнь.

В младенчестве арсенал эйдосов, поддерживающих индивидуальное восприятие, мышление и язык, формируется почти исключительно потоком образов, воспринимаемых извне. С течением времени в формирование новых эйдосов включаются мышление и язык.

Во взрослом состоянии роль потока внешних воспринимаемых образов в формировании новых эйдосов становится все более незначительной. К концу жизни поток внешних образов вообще перестает играть какую бы то ни было роль в формировании новых эйдосов. Остается только мышление и язык.

В старости человеку все труднее воспринимать непривычные новые реалии. Для их анализа уже не хватает арсенала эйдосов, сформированного в юности и в зрелом возрасте. Это кризис пожилого возраста, часто наблюдаемое явление.

Люди убеждены, что не они перестали соответствовать миру, а мир рушится. Ощущение ложное, но для многих спасительное. Оно поддерживается до тех пор, пока сохраняется привычная социальная среда и привычная среда обитания. Пока арсенал обретенных ранее эйдосов достаточен, чтобы поддержать восприятие, мышление, язык.

Когда нарушается и это, человек умирает, даже если физически он совершенно здоров. Сколько эйдосов входит в арсенал взрослого человека? Минимальную оценку дает объем лексики национального толкового словаря. Порядка 100 тысяч единиц.

Прибавим эйдосы словосочетаний. Учтем по отдельности эйдосы знаков и их смысловых полей (означающих и означаемых в семиотической традиции). Примем во внимание эйдосы, поддерживающие внутренние функции организма. Если учесть все, счет может идти на миллионы.

Это грубая оценка, но она дает представление о примерном минимальном количестве эйдосов, которые поддерживают функционирование организма, работу сознания и подсознания во взрослом возрасте.

§ 1.27. Функции эйдосов

Оперирование эйдосами обеспечивает восприятие, мышление, язык. У праворуких, составляющих большинство, необходимые для этого группы функций следующим образом распределены между правым и левым полушариями мозга.

<u>Левое полушарие</u>. Понимание речи. Осязание правой стороны тела. Двигательный контроль правой стороны тела (лицо, рука, нога). Вербальная память. Речь. Долгосрочные цели и задачи. Рабочая память. Умение обучаться движению. Чтение, письмо, математика. Зрение. Восприятие объектов и лиц.

<u>Правое полушарие</u>. Эмоциональный контроль. Мотивация. Рабочая память. Двигательный контроль левой стороны тела (лицо, рука, нога). Осязание левой стороны тела. Способность пространственного видения. Зрение. Внимание. Эмоциональное понимание лиц и просодии.[5] Узнавание лиц.

В настоящее время детально изучено, как именно названные группы функций локализованы в пространственных структурах мозга. Данные и библиографические ссылки можно найти в работе [13].

В реализации этих функций ведущую роль играют устойчивые направленные ассоциативные связи между эйдосами.

§ 1.28. Механизм формирования связи между эйдосами

Существует механизм формирования направленных ассоциативных связей между эйдосами. Он действует под влиянием восприятия внешне заданных образов. По всей видимости, этот механизм действует в сознании всех живых существ, обладающих мозгом или его подобием.

---

[5] **Просодия (греч.**): ударение, мелодия. Совокупность фонетических признаков: тон, громкость, темп, общая тембровая окраска речи.

По Вертгеймеру любой воспринимаемый образ актуализирует в сознании свой гештальт, а также совокупность других гештальтов, обеспечивающих восприятие структуры, деталей и свойств каждого образа.

Учитывая, что гештальт это единичный эйдос, то же самое можно на языке эйдосов выразить так: каждый воспринимаемый образ актуализирует в сознании свой эйдос, а также совокупность других эйдосов, представляющих структуру образа, его детали и свойства.

Каждый акт восприятия создает конфигурацию эйдосов. Последовательность конфигураций при восприятии потока образов формирует условные объемы эйдосов. Эти объемы фиксируются нейрофизиологически и служат сигналом к созданию либо разрушению направленной ассоциативной связи между эйдосами.

§ 1.29. Связь эйдосов как детерминация или D-правило

Рассмотрим более подробно механизм возникновения статистической связи между двумя потенциальными эйдосами на конкретном примере. Обратимся для этого к гештальт-матрице (1.14) объема n, размерности $m = 3$.

$$
\begin{array}{|c|c|c|c|c|}
\hline
g & x & y & u & n \\
\hline
g_1 & a & b & U & 1 \\
\hline
g_2 & a & \overline{b} & U & 1 \\
\hline
\vdots & \vdots & \vdots & \vdots & \vdots \\
\hline
g_n & \overline{a} & \overline{b} & U & 1 \\
\hline
\end{array}
\tag{1.14}
$$

Сконцентрируем внимание на связи между потенциальными эйдосами a, b. Вначале, однако, проделаем ряд подготовительных операций, помогающих уяснить природу статистической связи между эйдосами в сознании.

Прежде всего проведем эйдетическую редукцию, аналогичную той, что перевела матрицу (1.5) в матрицу (1.7).

Редуцируем объекты $g_1, g_2, \ldots, g_n$ матрицы (1.14), т.е. удалим все горизонтальные связи потенциальных эйдосов в столбцах x, y. Итогом будет матрица (1.15):

x	y	u'	$n(U)$
aU	bU	U'	$n(abU)$
aU	$\overline{b}U$	U'	$n(a\overline{b}U)$
$\overline{a}U$	bU	U'	$n(\overline{a}bU)$
$\overline{a}U$	$\overline{b}U$	U'	$n(\overline{a}\overline{b}U)$

(1.15)

Штрих в символах u', U' подчеркивает, что генеральный ключ u' и множество U' здесь *другие*, чем u и U в исходной матрице (1.14).

Объем гештальт-матрицы (1.15) равен 4. Но собственные эйдосы (верхняя собственная строка) имеют объем $n(U) = n \geq 4$, равный объему n исходной матрицы (1.14).

Соотношение (1.12) при этом выполняется и имеет вид:

$$n = \sum_x \sum_y n(xyU) = n(abU) + n(a\overline{b}\,U) + n(\overline{a}bU) + (\overline{a}\overline{b}U)$$

Матрица (1.15) неполная. В ней нет локального ключа. Но обратим внимание: благодаря эйдетической редукции роль объектов неявно стали играть эйдосы сочетаний $abU \equiv (aU, bU)$, $a\overline{b}U \equiv (aU, \overline{b}U)$, $\overline{a}bU \equiv (\overline{a}U, bU)$, $\overline{a}\overline{b}U \equiv (\overline{a}U, \overline{b}U)$. Сделаем эти объекты явными. Для этого введем новый локальный ключ g', как показано в (1.16).

g'	x	y	u'	$n(U)$
abU	aU	b	U'	$n(abU)$
$a\overline{b}U$	aU	$\overline{b}$	U'	$n(a\overline{b}U)$
$\overline{a}bU$	$\overline{a}U$	b	U'	$n(\overline{a}bU)$
$\overline{a}\overline{b}U$	$\overline{a}U$	$\overline{b}$	U'	$n(\overline{a}\overline{b}U)$

$$(1.16)$$

Эту матрицу с равным успехом можно называть эйдетической. Она представляет множество эйдосов

$$U' = \{abU,\ a\overline{b}U,\ \overline{a}bU,\ \overline{a}\overline{b}U\}. \qquad (1.17)$$

Матрицу (1.16) часто изображают в виде такой таблицы:

y	$n(aU)$	$n(\overline{a}U)$	$n(U)$
$\overline{b}U$	$n(a\overline{b}U)$	$n(\overline{a}\overline{b}U)$	$n(\overline{b}U)$
bU	$n(abU)$	$n(\overline{a}bU)$	$n(bU)$
	aU	$\overline{a}U$	x

$$(1.18)$$

В таблице (1.18):

$$
\begin{aligned}
n(aU) &= n(abU) + n\big(a\overline{b}U\big) = \text{объём эйдоса } aU \\
n(\overline{a}U) &= n(\overline{a}bU) + n\big(\overline{a}\overline{b}U\big) = \text{объём эйдоса } \overline{a}U \\
n(bU) &= n(abU) + n(\overline{a}bU) = \text{объём эйдоса } bU \\
n(\overline{b}U) &= n\big(a\overline{b}U\big) + n\big(\overline{a}\overline{b}U\big) = \text{объём эйдоса } \overline{b}U
\end{aligned}
\qquad (1.19)
$$

Обратимся теперь к статистической связи между эйдосами aU, bU в серии диалогов (потоке образов) U в гештальт-матрице (1.14).

Связь эта всецело определяется тем, насколько часто эйдос aU встречается на фоне эйдоса bU и насколько часто эйдос bU встречается на фоне эйдоса aU в серии диалогов (потоке образов), U. Эйдос U играет роль *контекста*, в котором рассматривается связь эйдосов aU, bU. Относительные доли эйдосов aU, bU друг в друге зависят только от чисел $n(aU), n(bU), n(abU)$:

доля эйдоса bU в эйдосе $aU = P(bU|aU) = \frac{n(abU)}{n(aU)}$; (1.20)

доля эйдоса aU в эйдосе $bU = P(aU|bU) = \frac{n(abU)}{n(bU)}$. (1.21)

Статистическая связь этого типа называется *детерминационной*, а упорядоченная пара эйдосов, связанных такой связью, называется *детерминацией, D-правилом* или просто *правилом*, если ясно, о чем речь.

Описывая детерминационные связи, удобно пользоваться понятиями и обозначениями, принятыми в детерминационном анализе (DA) [06].

<u>Определение детерминации.</u>

Детерминация (D-правило) — это высказывание «если a, то b в контексте U», коротко обозначаемое символом $aU \to bU$ [варианты: либо $U(a \to b)$ или $(a \to b)U$].

D-правило $aU \to bU$ характеризуется *точностью* (1.22) и *полнотой* (1.23) (см. также (1.20) и (1.21)):

Точность $(aU \to bU) \equiv A(aU \to bU) = P(bU|aU) = \frac{n(abU)}{n(aU)}$. (1.22)

Полнота $(aU \to bU) \equiv C(aU \to bU) = P(aU|bU) = \frac{n(abU)}{n(bU)}$. (1.23)

Буква A в обозначении точности $A(aU \to bU)$ — первая буква английского слова *Accuracy (точность)*.

Буква C в обозначении полноты $C(aU \to bU)$ — от английского *Completeness (полнота)*.

§ 1.30. Круги Эйлера

Существует удобный способ графически представить эйдосы a, b, взаимодействующие в контексте U. Он показан на рисунке 1.2.

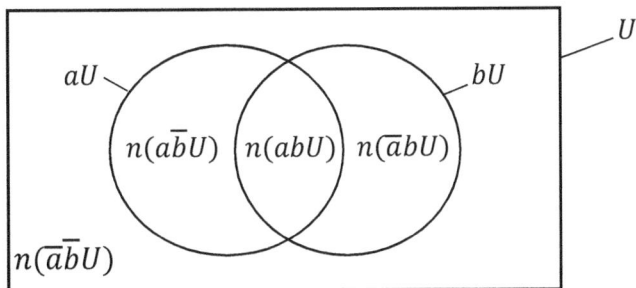

Рис. 1.2. Круги взаимодействующих эйдосов aU, bU.

Рисунок делает наглядными объемы эйдосов, участвующих в матрице (1.16), таблице (1.18) и соотношениях (1.19). Он показывает, как эйдосы a, b проникают друг в друга, а это и есть их взаимодействие.

Способ изображать эйдосы в виде пересекающихся кругов предложил и применил Леонард Эйлер (1707-1783), когда в 1760-61 годах изложил среди прочих физических и философских предметов силлогистику Аристотеля в девяти из 234 «Писем к немецкой принцессе». Это были письма 100–108, написанные в феврале 1761 года [24]. Круги, подобные изображенным на рисунке 1.2, принято называть *кругами Эйлера* [6].

---

[6] По косвенным данным принято думать, что «немецкая принцесса», к которой Эйлер адресовал свой труд, это сёстры Бранденбург-Шведт, Фредерика и Луиза. Используя оригинальный метод бессловесных диаграмм, Эйлер объяснил, как силлогистика Аристотеля рождается в естественном языке. Спустя два с лишним века стало ясно, что названный метод, созданный Эйлером, предвосхитил открытие Роджером Сперри функциональной асимметрии полушарий мозга (Нобелевская премия 1981 года).

§ 1.31. Ассоциативные связи между эйдосами

При восприятии образов, приходящих извне, эйдосы активизируются напрямую, независимо от ментальной активности. Но при активизации образов в памяти, при анализе воспринятых образов, во всех актах мышления и оперирования языковыми именами и их смыслами, активную роль в активизации эйдосов играют ассоциативные связи между эйдосами, сформировавшиеся и закрепившиеся в сознании. Эти связи характеризуют сознание. Благодаря этим связям активизация одних эйдосов вызывает активизацию других.

Как устанавливаются такие связи в сознании? Обсуждение этого вопроса на уровне физики и нейрофизиологии выходит за рамки этой книги. Но побудительные причины, которые приводят к установлению или разрушению таких связей, феноменологически очевидны. Одна из них (главная) – наличие точных или (и) полных D-правил (детерминаций) в сериях диалогов (потоках образов). Другая, не менее важная причина – восприятие глаголов. О ней чуть ниже, а сейчас – о точных и (или) полных D-правилах.

Дальше вместо слов *детерминация, D-правило* я часто использую одно лишь слово *правило*, поскольку все вообще правила, известные людям из опыта, есть D-правила (детерминации). И все они представляют взаимодействие эйдосов. Когда понятно, что речь идет об эйдосах в контексте U, я иногда вместо aU, bU, cU и т.д. буду писать a, b, c и т.д., опуская символ контекста U рядом с обозначением каждого эйдоса.

§ 1.32. Точные и (или) полные D-правила

Активно действующие в сознании связи порождаются точными и (или) полными правилами. Правило $a \rightarrow b$ в контексте U называется *точным*, если его *точность* равна единице. Оно называется *полным*, если равна единице его *полнота*. Круги Эйлера на рисунке 1.3 слева (случай 1) показывают точное, но неполное правило $a \rightarrow b$ в контексте U. В случае 2 правило $a \rightarrow b$ полное, но неточное. В случае 3 правило точное и полное одновременно (эйдосы a, b совпадают в контексте U).

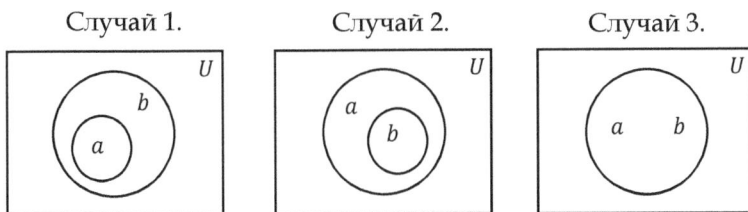

Случай 1.   Случай 2.   Случай 3.

Рис. 1.3. Круги Эйлера взаимодействующих эйдосов a, b
Случай 1. Правило $a \rightarrow b$ точное, но неполное.
Случай 2. Правило $a \rightarrow b$ неточное, но полное.
Случай 3. Правило $a \rightarrow b$ и точное, и полное.

Если в правиле $a \rightarrow b$ поменять местами эйдосы a, b, получим правило $b \rightarrow a$. Точность правила $b \rightarrow a$ равна полноте правила $a \rightarrow b$, а полнота правила $b \rightarrow a$ равна точности правила $a \rightarrow b$. При перемене направления связи точность и полнота меняются местами, сохраняя свое численное значение.

Среди всех правил, с которыми имеет дело сознание на протяжении жизни, точные правила встречаются реже, чем неточные. Но есть ареалы действительности, где точные правила доминируют.

Все законы физики и математики строятся на точных правилах. Функция как совокупность точных правил – центральный объект математического анализа и математики вообще.

На рисунке 1.3 эйдос a *достаточен* для b в случае 1 и необходим в случае 2. Доказательству необходимости и достаточности посвящена большая часть математических теорем.

В языковой практике точные или полные правила связывают эйдосы означаемых и означающих (по Ф. де Соссюру).

Точные правила управляют чтением и письмом, без них эти важнейшие функции сознания были бы невозможны.

Связывая аминокислотные остатки в протеинах, они управляют всеми функциями живого организма (см. Главу 4).

На точных правилах строится медицинская диагностика, тестирование средств лечения. Чем точнее правила диагностики, показания и противопоказания препаратов, тем вероятнее успех лечения.

Точные или (и) полные правила основа всех научных и обыденных знаний.

§ 1.33. Наблюдаемые D-правила

Ассоциативные связи между эйдосами в сознании устанавливаются под влиянием наблюдаемых правил.

Детерминирующие комбинации эйдосов в точных или почти точных правилах отбираются с помощью процедур, получивших строгое описание в детерминационном анализе.

Механизм появления точных правил в потоках наблюдаемых образов (сериях диалогов) показан на рисунке 1.4.

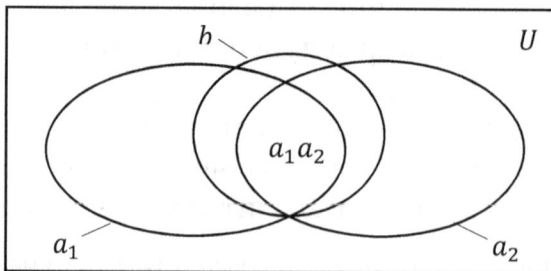

Рис. 1.4. Правила $a_1 \to b$, $a_2 \to b$ неточные, но правило $a_1 a_2 \to b$ точное.

Здесь видно, что порознь каждый из эйдосов a_1, a_2 не дает точной детерминации в эйдос b. Правила $a_1 \to b$, $a_2 \to b$ неточные. Но совместное действие эйдосов в паре $a_1 a_2$ дает точную детерминацию: правило $a_1 a_2 \to b$ точное.

Математическая теория наблюдаемых правил, связывающих эйдосы, это теория оперирования условными частотами и их приращениями. Для ее последовательного построения необходимо было реформировать понятие статистическая связь [06], [25]. Подробнее о сути такой реформы см. Главу 2, параграф «Детерминационная концепция статистической связи».

§ 1.34. Потоки образов как причина связей эйдосов в сознании

Через сознание проходят потоки образов. В них скрыты правила. Их точность и полнота — это условные объемы эйдосов или условные частоты. Объемы (частоты) меняются со временем. Колебания могут иметь разную амплитуду. Когда средние значения точности по конечным интервалам времени стабильны, правило порождает устойчивую ассоциативную связь между соответствующими эйдосами.

§ 1.35. Однозначные и многозначные правила

Ассоциативные связи между эйдосами делятся на два принципиально разных класса: класс М (multiple) многозначных связей и класс S (single) связей однозначных.

Класс М образован многозначными правилами типа показанных на рисунке 1.5 слева. Это «куст» из $r > 1$ правил

(r может быть весьма большим числом). Правила действуют в контексте U_M. Суммарная точность всех правил «куста» равна единице. Поэтому точность каждого из правил «куста» заведомо меньше единицы.

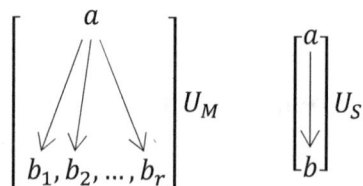

$$
\begin{bmatrix} & a & \\ & \Big\downarrow\Big\downarrow\Big\downarrow & \\ b_1, & b_2, & \ldots, b_r \end{bmatrix} U_M \qquad \begin{bmatrix} a \\ \Big\downarrow \\ b \end{bmatrix} U_S
$$

Рис. 1.5. Правила класса М (слева) и S (справа)

Класс S образован однозначными правилами типа того, что показано на рисунке 1.5 справа. Точность каждого такого правила равна единице (либо чрезвычайно близка к единице). Правило действует в контексте U_s.

Согласно [13], данные о функциональной организации мозга говорят о том, что у праворуких большинство ассоциативных связей класса М сосредоточено в *правом* полушарии головного мозга, оперирующем *полисемантическими контекстами* (*polysemantic context*) типа U_M. Ассоциативные связи класса *S* сосредоточены, напротив, в левом полушарии, которое оперирует преимущественно *моносемантическими контекстами* (*monosemantic context*) типа U_S.

Пользуясь детерминационным анализом, можно приготовить разные варианты потоков образов, содержащих ассоциативные связи типа S либо М. Предъявляя эти потоки испытуемым и регистрируя ответную активность головного мозга, можно получить дополнительные данные о функциональной специализации полушарий головного мозга относительно контекстов U_S и U_M.

§ 1.36. Глагол

Помимо условных частот, представляющих точность и полноту правил в потоках воспринимаемых образов, человек способен порождать устойчивые ассоциативные связи между эйдосами с помощью глагола.

В книге «Слова и вещи» [26] Мишель Фуко (*Michel Foucault*, 1926-1984) утверждает, ссылаясь на многочисленных предшественников, что в любом языке всего один глагол, равнозначный русскому «быть» или английскому «to be».

Обширная группа глаголов образована существительными или наречиями совместно с глаголом «быть» в редуцированной форме: петь = быть + пение; бежать = быть + бег и т.д. «Я пою» = «Я есть поющий», и т.д.

Глагол — это специальный искусственный образ, знак совместного бытия двух сущностей. В простом предложении «*a* есть *b*» это знак «есть», утверждающий, что *a* существует совместно с *b* [27].

Используя глагол «быть» в форме «*a* есть *b*», один человек способен передать другому человеку указание, что актуализация эйдоса *a* сопровождается актуализацией эйдоса *b*. И таким способом сформировать направленную ассоциативную связь от *a* к *b* в сознании собеседника *помимо опыта восприятия эйдосов a, b в реальных потоках образов*. В дальнейшем эта связь может укрепиться либо исчезнуть.

Только человек может использовать глагол для формирования ассоциативной связи между эйдосами помимо опыта восприятия самих эйдосов.

Животные безглагольны. Они формируют персональный опыт только через актуальное восприятие образов.

Хотя для дельфинов и приматов это утверждение, видимо, следует сопроводить оговорками.

Глагол создал человеческую цивилизацию.

В языке, где отсутствует глагол, невозможно устанавливать связи между эйдосами за пределами индивидуального опыта, жестко привязанного к настоящему. Такой язык способен поддержать жизнь только в настоящем, без активной функции прошлого и будущего. В нем нет прошлого и будущего как самостоятельной совокупности эйдосов. Глагол сделал возможной культурную память, историю, передачу опыта от прошлых поколений к будущим средствами языка.

В эволюции языка возникновение глагола поворотная точка. Среди прочего именно глагол предопределил возникновение логики. Этому был посвящен мой доклад [28] о роли простых предложений и логики в эволюции языка. Он состоялся 13 июля 1990 года в Институте физической химии им. Макса Планка в Гёттингене (его директором тогда был Манфред Эйген).

§ 1.37. Глагол и точность правил

Глагол не несет информацию о точности правил. Простое предложении «*a* есть *b*» ничего не говорит об объеме эйдоса *a*, существующего совместно с эйдосом *b*. Языковые нормы не предписывают фиксировать точность и полноту правила, порождающего структуру простого предложения.

Высказывания «молодежь курит» и «молодежь не курит» формально противоречат одно другому. Но язык не страдает от такой «противоречивости». Естественная языковая норма предписывает понимать, что фраза «молодежь курит» означает, что «среди молодых людей есть курящие». А фраза «молодежь не курит» означает, что «среди молодых людей есть те, кто не курит».

Уточнение создается контекстом. Тот, кому адресовано высказывание, всегда может уточнить контекст, чтобы услышанное стало более определенным. Если это не удается, можно не принимать услышанное во внимание.

В языке существует большой арсенал средств, которые позволяют уточнять условные объемы эйдосов. Среди них слова типа *часто*, *редко*, *всегда*, *никогда* и им подобные, приведение примеров, обозначения степени распространенности того или иного явления, и т.д.

Но точные цифры относительных объемов эйдосов никто не указывает. Глагол позволяет избежать этого, не закрывая путь для уточнений.

Язык буквально как плавучий остров в океане частот, характеризующих отношения между эйдосами. Но частоты эти чаще всего остаются «за кадром», не проходят в речь и тексты [29].

Благодаря этому язык гибко консолидирует усилия многих людей в получении необходимых для жизни знаний. Так в языке поддерживается баланс между точностью выражения и степенями свободы, которые нужны людям, чтобы каждый человек, сохраняя свободной свою волю, мог осваивать доступный ему ареал мира, формируя свой личный жизненный опыт, и делиться этим опытом с другими людьми.

Глава 2. Феноменология диалогов в основаниях математики

§ 2.01. Математическая интуиция и гештальт-матрицы

Тезис о феноменологической природе математики провозгласил и философски развил в своих работах Эдмунд Гуссерль [30], [31], [32], [33].

Вслед за Гуссерлем Вертгеймер был уверен, что основания математики, как единой дисциплины, вырастают из феноменологии сознания. Он конкретизировал и уточнил представления Гуссерля: основания математики вырастают из факта существования гештальтов.

Феноменология диалогов, воплощенная в гештальт-матрице, дает возможность сделать новый шаг в этом направлении.

С одной стороны, гештальт-матрица являет полный набор сущностей, формирующих математическую интуицию таких математических объектов, как единица натурального ряда, целое положительное число, переменная, конечное множество, мера, правило, функция.

С другой стороны, в истории развития научных воззрений та же гештальт-матрица, как фундаментальный феноменологический объект, онтологически предшествует оформлению названных выше математических объектов в языке и культуре.

§ 2.02. Матрицы данных и основания математики

В отношении того, какие именно эйдосы гештальт-матриц послужили онтологическими предшественниками перечисленных выше математических объектов, у меня лично сомнений нет. Это не почва для догадок и споров. Здесь все абсолютно ясно по простой причине.

То, что справедливо для гештальт-матриц, справедливо и для матриц данных. И наоборот. А матрицы данных, будучи прототипом гештальт-матриц, давно вошли в человеческую культуру в явном виде.

Со времен Тихо Браге (1546–1601), Кеплера (1571–1630), Галилея (1564–1642) матрицы данных в виде последовательностей измерений по экспериментальным точкам стали рабочим инструментом в научном сообществе физиков и математиков.

Один из немногих, кто в аспекте феноменологии диалогов прослеживал связь процесса становления европейской науки с диалогической практикой, был философ Владимир С. Библер (1918–2000) [34].

В XX веке произошло массированное проникновение матриц данных в исследовательскую практику общественных наук. Статистические и социологические опросы сделались массовой практикой [35]. Стала очевидной связь матриц данных с феноменологией диалогов.

К концу XX века (с начала 70-х) возникла мощная индустрия баз данных. Оперирование матрицами данных еще более расширилось, так как любая база данных — это система взаимосвязанных матриц данных.

Начиная с XVII века, техника оперирования матрицами данных развивалась параллельно с развитием математики.

И сейчас, отвечая на вопрос, как именно эйдосы гештальт-матриц породили первичные математические объекты, уже не надо ничего придумывать. Ответ давно получен. Он в стандартных руководствах по анализу данных опыта. Остается только перенести его один к одному на гештальт-матрицы и получить таким образом феноменологические прототипы математических объектов, что и сделано ниже.

§ 2.03. Интуитивизм и формализм: общие корни

В математических сообществах принято противопоставлять интуитивное определение математических объектов аксиоматическому, формальному их определению. С точки зрения феноменологии диалогов это противопоставление не имеет предметного смысла.

Вероятно, Гуссерль предвидел возникновение такой ситуации, когда писал в статье о феноменологии для Британской Энциклопедии ([30], цитирую по переводу статьи Гуссерля В. Молчановым [36]):

«…феноменология наука о конкретных феноменах, присущих субъективности и интерсубъективности… Сфера феноменологии универсальна… Как только априорные дисциплины, такие как математические науки, вовлекаются в сферу феноменологии, их больше не осаждают "парадоксы" и споры в отношении принципов…».

§ 2.04. Грех познания добра и зла и феноменология диалогов

Хочу обратить особое внимание на следующее обстоятельство. Знания о роли гештальт-матриц в основаниях математики обладают двумя замечательными свойствами. *Первое: они не нарушают фундаментальную этику и свободу воли. Второе: они не поддерживают и, тем более, не поощряют общеизвестный грех подмены наукой драмы и комедии человеческих отношений.*

Феноменология диалогов, как система знаний, не страдает библейским грехом познания добра и зла, понимаемым как стремление индивидуального сознания объективировать свое персональное осознание добра и зла и насильно вменить его в качестве обязательного для всех людей вообще. Насколько этот грех губителен для человеческого сообщества, ярче всего демонстрируют диктаторы прошлого и настоящего.

§ 2.05. Единица натурального ряда

Феноменологический прототип единицы натурального ряда — гештальт, единичный эйдос.

Любые два гештальта, рассматриваемые вне ассоциативной связи с другими гештальтами, тождественно неразличимы. Следовательно, можно выбрать произвольный физически воспринимаемый образ в качестве универсального символа, обозначающего произвольный гештальт. Единственное ограничение – образ должен легко воспроизводиться и в любом воплощении быть узнаваемым как идентичный тому образу, что воспринят ранее.

Такой образ возник исторически и получил название *единицы натурального ряда.*

В письменной традиции, доминирующей ныне, это привычный всем образ единицы, обозначаемый символом 1.

В разные периоды и в географически разных ареалах культуры в качестве такого образа использовались пальцы рук, маленькие камешки, раковины, костяшки на счетах, узелки на веревочках, зарубки на деревьях.

С возникновением письма к ним добавились оттиски на глине палочек для клинописного письма, изображения вертикальных черточек, и т.д. [37]. В школах до сих пор используют счетные палочки в качестве символических единиц, на которых дети обучаются счету.

Непоименованная арифметическая единица — это единичный эйдос (гештальт), лишенный ассоциативных связей с другими эйдосами. Любая единица, изображенная на листе бумаги или экране монитора, имеет пространственно-временную локализацию. При построении арифметики это не принимается во внимание. Все единицы считаются абсолютно идентичными.

Слова *гештальт* и *единица* предметно обозначают одно и то же. Только слово *единица* (со своими синонимами в разных языках) существует с незапамятных времен, а слово *гештальт* возникло как результат открытия феноменологического объекта, онтологически предопределившего возникновение арифметической единицы.

Закон формы, констатирующий универсальность гештальт-матриц, объясняет происхождение универсальности арифметической единицы как основы практики натурального счета и теории чисел.

§ 2.06. Натуральный ряд чисел

Феноменологический прототип произвольного целого числа натурального ряда — это объем произвольного эйдоса.

Эйдос это совокупность тождественно неразличимых гештальтов. По той же причине, по какой исторически возник стандартный образ единичного эйдоса (единицы), возникли стандартные образы эйдосов, имеющих объемы больше единицы.

В современной доминирующей традиции такими стандартными образами явились обозначения 2, 3, 4 и т.д. Теория целых чисел может пониматься как теория, изучающая свойства эйдосов.

Если эйдос рассматривается как совокупность гештальтов некоего «стандартного» образа (например, символа 1), его объем — *непоименованное* целое число.

Если же эйдос рассматривается как совокупность гештальтов образа, не являющегося стандартным, его объем – *поименованное* целое число.

§ 2.07. Переменная

Феноменологический прототип переменной – собственный эйдос (эйдос верхней строки) гештальт-матрицы.

Каждой переменной в гештальт-матрице соответствует отдельный столбец. Эйдос, называемый *переменной*, находится в его верхней клетке. Гештальты прочих клеток столбца принято называть *значениями переменной*.

Так в матрице (1.1) переменная g (локальный ключ) имеет значения $g_1, g_2, ..., g_n$. Переменная x_1 имеет значения $x_{11}, x_{12}, ..., x_{1n}$, и т.д.

Традиция называть переменными эйдосы верхней строки гештальт-матрицы принята также в теории и практике баз данных.

Здесь отчетливо видно, что понятие переменной происходит от практики серий диалогов с повторяющимся вопросником. Выражение «ответ a на вопрос x» феноменологически то же самое, что «значение a переменной x».

Термин *переменная* закрепился в математической терминологии, создавая ощущение, что переменная x это такая особая сущность, способная менять обличье, приобретая ту или иную конкретизацию. В первом томе фундаментального труда по элементам математики, выпущенном сообществом математиков, объединенных псевдонимом Никола Бурбаки [09], и посвященном теории множеств, переменная определяется как *произвольный элемент некоторого множества*.

Что такое «произвольный элемент»? С феноменологической точки зрения это пара: гештальт вопроса x и «пустая лунка» для гештальта, представляющего ответ на вопрос x. Если ответ оказался a, математики говорят, что «переменная x приняла значение a». В словосочетании «приняла значение» скрыта ситуация диалога. Упоминание о диалоге исчезло, и это прижилось, оказавшись удобным. Если в другом диалоге ответ b, скажут, что «переменная x приняла значение b». Но здесь гештальт вопроса x *не тот же, что был в первый раз*, хотя *эйдос x неизменен*. Об этом можно не упоминать, но помнить полезно.

§ 2.08. Множество и гештальт-матрица

Гештальт-матрица — это не что иное как феноменологический прототип множества.

Так гештальт-матрица (1.1) есть точный образ множества объектов

$$U = \{g_1, g_2, ..., g_n\}, \qquad (2.1)$$

где каждый объект (элемент множества) $g_1, g_2, \ldots, g_n$ обладает набором из $m + 1$ свойств, одно из которых – «быть элементом множества U.

Именем U множества (2.1) служит имя выборки объектов, выделяющее объекты $g_1, g_2, \ldots, g_n$ среди всех прочих объектов мира. В опросах объекты суть «респонденты выборки U». В теории баз данных объекты суть «документы таблицы U». В терминологии теории множеств объекты суть «элементы множества U».

Общеизвестно, что при компьютерной обработке данных любое множество типа (2.1) обязательно переводится в матрицу данных типа (1.1). Иначе компьютер не может оперировать множеством объектов с учетом свойств, которыми эти объекты обладают.

Гештальт-матрица (1.1) представляет наиболее полный набор *всех* эйдосов, необходимых и достаточных для формирования интуиции множества (совокупности) (2.1) n элементов, обладающих $m + 1$ свойствами в любом индивидуальном сознании при любых конечных значениях m и n.

Неважно, это сознание профессионального математика или несведущего в математике человека, который бессознательно либо осознанно оперирует множествами (совокупностями) просто потому, что того требуют природа и обстоятельства, предлагаемые жизнью.

В теории множеств, где множество определяется как гештальт-матрица, все ссылки на интуицию могут быть упразднены (в согласии с предвидением Гуссерля).

Соответствие между гештальт-матрицей (1.1) и множеством (2.1) воспроизводит интуитивное определение основателя современной теории множеств Георга Кантора (1845–1918):

«Под "многообразием", или "множеством", я понимаю вообще всякое многое, которое можно мыслить, как единое, т. е. всякую совокупность определенных элементов, которая может быть связана в одно целое с помощью некоторого закона…» [38].

Эйдос U это эйдос того «многого, которое можно мыслить, как единое». В гештальт-матрице (1.1) эйдос U есть свойство, которым обладает каждый из объектов $g_1, g_2, …, g_n$ и не обладает ни один другой объект.

В аксиоматической теории множеств понятие множества вводится с помощью явно сформулированной системы аксиом. Есть несколько таких систем.

Наиболее известна система Цермело-Френкеля ZF и ее модификация ZFC. Буквы ZF (Zermelo-Fraenkel) обозначают имена Эрнста Цермело (Ernst Zermelo, 1871–1953) и Адольфа Френкеля (Adolf Fraenkel, 1891–1965), внесших решающий вклад в создание аксиоматики теории множеств [39].

Эта и другие формальные системы аксиом также опираются на интуицию совокупности объектов, обладающих определенными свойствами. Аксиомы подчинены требованиям непротиворечивости, полноты и минимальности. Это все, что отличает «не наивную» теорию множеств от «наивной».

§ 2.09. Система аксиом ℵ

Попробуем представить, какой могла бы быть система аксиом ℵ, конституирующая гештальт-матрицу размерности m и объема n. Будем считать первичным понятие *гештальт*.

Определение 1. Назовем *диполем* пару гештальтов x_i, x_{ik}. По определению, гештальт x_i есть *собственный* гештальт (диполя), гештальт x_{ik} – несобственный гештальт (диполя).

<u>Аксиома 1</u>. Для любого гештальта x_i, $i = 1, \ldots, m + 2$ при любом фиксированном $k = 1, \ldots, n$ существует единственный диполь (x_i, x_{ik}).

<u>Определение 2</u>. Последовательность диполей

$$D_k(m) = \big((x_1, x_{1k}), (x_2, x_{2k}), \ldots, (x_{m+2}, x_{m+2k})\big) \quad (2.2)$$

называется диалогом (образом) $D_k(m)$ размерности m.

Последовательность диалогов (образов)

$$U_n(m) = \big(D_1(m), D_2(m), \ldots, D_n(m)\big) \quad (2.3)$$

называется серией диалогов (образов) размерности m и *объема n* с повторяющимся вопросником

$$Q(m) = (x_1, x_2, \ldots, x_m) \quad (2.4)$$

<u>Аксиома 2</u>. Любые два гештальта либо *физически* идентичны, либо *физически различны. Третьего не дано.*

<u>Определение 3</u>. Допустим, в серии диалогов $U_n(m)$ для некоторой совокупности диполей (x_g, x_{gk}), $k = 1, 2, \ldots, n$, гештальты x_{gf} и x_{gh} физически различны при любых $f \neq h$, где $f = 1, 2, \ldots, n$, $h = 1, 2, \ldots, n$. Тогда гештальт $x_g \equiv g$ носит название *локальный ключ*, а гештальты $x_{gk} \equiv g_k$, $k = 1, 2, \ldots, n$, называются *объектами*.

<u>Аксиома 3</u>. В любой серии диалогов $U_n(m)$ существует минимум один локальный ключ g.

<u>Определение 4</u>. Допустим, в серии диалогов $U_n(m)$ для некоторой совокупности диполей (x_u, x_{uk}), $k = 1, 2, \ldots, n$, гештальты x_{uf} и x_{uh} физически идентичны между собой и гештальту U при любых $f \neq h$, $f = 1, 2, \ldots, n$, $h = 1, 2, \ldots, n$. Тогда гештальт $x_u \equiv u$ носит название *генеральный ключ*, а гештальт $x_{uh} \equiv U$ носит название *множества*.

<u>Аксиома 4.</u> В любой серии диалогов $U_k(m)$ существует минимум один генеральный ключ u.

<u>Аксиома 5.</u> Пусть $g \equiv x_1$, $g_k \equiv x_{1k}$, $u \equiv x_{m+2}$, $U \equiv x_{m+2,k}$ $k = 1,2, \ldots, n$. Тогда гештальт U есть гештальт множества объектов

$$U = \{g_1, g_2, \ldots, g_n\} \qquad (2.1)$$

где каждый из объектов g_k, $k = 1,2, \ldots, n$ обладает набором из $m + 1$ свойств x_{ik}, $i = 2,3, \ldots, m + 2$.

Система $\aleph$ из пяти аксиом и четырех определений только эскиз. Она не претендует на окончательность. Но она показывает, что принцип построения аксиоматики теории множеств на основе гештальт-матриц иной, нежели принятый в аксиоматике Цермело-Френкеля [39].

В работе [01], где установлена связь между двоичной и многозначной логиками, матрица данных, прототип гештальт-матрицы, не случайно названа *натуральным текстом*. Гештальт-матрица — это феноменологический прародитель любых текстов.

Рано или поздно теория множеств будет опираться на фундамент точных представлений о гештальтах и эйдосах.

До того, как это произойдет, матрица данных будет оставаться плохо одетой «Золушкой», выполняющей черную работу в важнейших областях человеческой деятельности.

А математика по отношению к ней будет «мачехой», заставляющей «падчерицу» обслуживать исследования, эксперименты, анализ данных, практику построения и использования баз данных, продвигая одновременно в королевы двух своих не слишком красивых дочерей, — современные теорию множеств [09][7] и математическую логику.

§ 2.10. Феноменологические прототипы основных понятий теории вероятностей

Базовые теоретико-вероятностные понятия онтологически порождены гештальт-матрицами с предысторией (см. (1.11)):

g	x_1	x_2	...	x_m	u	μ
g_1	x_{11}	x_{21}	...	x_{m1}	U	μ_1
g_2	x_{12}	x_{22}	...	x_{m2}	U	μ_2
⋮	⋮	⋮	...	⋮	⋮	⋮
g_n	x_{1n}	x_{2n}	...	x_{mn}	U	μ_n

(2.5)

Для конкретности обратимся к классической работе А.Н. Колмогорова «Основные понятия теории вероятностей» [21]. Далее я привожу феноменологические прототипы понятий, на которых Колмогоров построил аксиоматику теории вероятностей. Понятия, использованные Колмогоровым, выделены курсивом, обозначения сохранены.

1. *Пространство элементарных событий, множество* Ω. Феноменологический прототип – множество $U = g_1, g_2, ..., g_n$ (см. также (1.3), (2.1) и пояснения).

---

[7] Проект группы французских математиков, объединенных псевдонимом Никола Бурбаки (Bourbaki, Nicolas), был начат во Франции в середине 30-х годов прошлого века и продолжался несколько десятилетий. Была поставлена цель упорядочить все математические знания, превратить их в единую систему, рассматриваемую с единой точки зрения. Характерно, что основанием для этой системы была избрана теория множеств [9] – один из самых важных и вместе с тем спорных разделов современной математики. Внимание математиков в области теории множеств было и остаётся сосредоточенным преимущественно на бесконечных множествах (множествах с бесконечным числом элементов). Однако, сложности начинаются с проблемы, как понимать, что такое конечное множество.

2. *Элементарное событие ω_i.* Феноменологический прототип – объект g_i, элемент множества U.

3. *Алгебра множеств $\mathcal{F}$, множество подмножеств из Ω.* Феноменологический прототип – все мыслимые потенциальные и актуальные эйдосы гештальт-матрицы (2.5). Феноменологический прототип теоретико-множественных операций алгебры множеств (объединение, пересечение, дополнение) есть эйдетическая редукция. Замкнутость всех мыслимых потенциальных и актуальных эйдосов гештальт-матрицы (2.5) относительно теоретико-множественных операций гарантирована. При этом понятие пустого множества перестает быть необходимым.

4. *Вероятность $\mathbf{P}(\omega_i) \equiv p$ элементарного события ω_i.* Феноменологический прототип – отношение объема μ_i актуального эйдоса g_i к объему μ потенциального эйдоса U: $p_i = \mu_i/\mu$. В систематических руководствах по теории вероятностей вероятность p_i произвольного элементарного события ω_i принято называть плотностью меры.

5. *Вероятность $\mathbf{P}(A)$ произвольного события A.* Феноменологический прототип – отношение объема $\mu(a)$ произвольного потенциального либо актуального эйдоса a к объему μ потенциального эйдоса U: $P(A) = \mu(a)/\mu$.

6. *Аксиома аддитивности: если события A и B не пересекаются, то* $\mathbf{P}(A + B) = \mathbf{P}(A) + \mathbf{P}(B)$. Феноменологическим прототипом этой аксиомы служит *феноменологический* факт, который демонстрируют объемы эйдосов, никогда не актуализируемых совместно (существующих только порознь): если эйдосы a, b никогда не актуализируются совместно, объем эйдоса «*a или b*» равен сумме объемов эйдосов a, b:

$$\mu(a \text{ или } b) = \mu(a) + \mu(b). \qquad (2.6)$$

7. Отмечу, что факт, выраженный этим соотношением, равносилен феноменологическому факту, выраженному соотношением (1.12), которое, если раскрыть символ суммы, имеет вид

$$\mu(U) = \mu(g_1) + \mu(g_2) + \ldots + \mu(g_n) \qquad (2.7)$$

8. *Аксиома* $\mathbf{P}(\Omega) = 1$. Феноменологическим прототипом соотношения $\mathbf{P}(\Omega) = 1$ служит соотношение $P(U) = 1.$, поскольку феноменологический прототип множества Ω. есть множество U. Соотношение $\mathbf{P}(U) = 1$, в свою очередь, вытекает из соотношения (1.12). Если разделить обе стороны равенства (2.7) на $\mu(U)$ и принять во внимание, что, как сказано выше,

$$\frac{\mu(g_i)}{\mu(U)} = \frac{\mu_i}{\mu} = p_i, \; i = 1, 2, \ldots, n, \qquad (2.8)$$

получим соотношение

$$p_1 + p_2 + \cdots + p_n = 1 \qquad (2.9)$$

эквивалентное соотношению $P(U) = 1$.

§ 2.11. Плотность меры на множестве

Феноменологический прототип плотности меры на множестве $U = \{g_1, g_2 \ldots g_n\}$ *— объемы эйдосов в столбце* μ *гештальт-матрицы* (2.5) (см. также (1.11), стр. 46).

Плотность μ определяет меру как аддитивную функцию множеств. Теория таких функций составляет положительное содержание раздела математики под названием теория меры. В свою очередь теория вероятностей и математическая статистика возникли как раздел теории меры исключительно благодаря понятию статистической независимости событий [21].

§ 2.12. Классическая статистическая связь

С классической точки зрения *статистическая связь есть альтернатива статистической независимости*.

<u>Статистическая независимость.</u>

Два события *a* и *b* по определению статистически независимы, если достоверно установлено, что вероятность совместного появления этих событий равна произведению вероятностей каждого из них:

$$P(ab) = P(a)P(b) \qquad (2.10)$$

Это соотношение принято интерпретировать как *отсутствие статистической связи между событиями a и b*.

<u>Статистическая связь.</u>

Два события a и b считаются статистически связанными, если достоверно установлено, что условие (2.10) нарушается, а именно:

$$P(ab) \neq P(a)P(b) \qquad (2.11)$$

Если это неравенство твердо установлено, его принято интерпретировать как *наличие статистической связи между событиями a и b*.

Если в некотором контексте *U*, в котором существуют события *a* и *b*, условие (2.10) принимает вид (2.12), а именно,

$$P(abU) = P(aU)P(bU), \qquad (2.12)$$

это означает, что в контексте *U* события *a* и *b* *независимы*.

Если же в контексте *U* для событий *a* и *b* вместо равенство (2.12) наблюдается неравенство (2.13), а именно,

$$P(abU) \neq P(aU)P(bU), \qquad (2.13)$$

это означает, что в контексте U события a и b не являются независимыми.

Классическое понимание статистической связи положено в основу теории вероятностей [21] и корпуса современных наиболее применяемых методов многомерного статистического анализа (регрессия, главные компоненты, факторный анализ), развитых в рамках математической статистики.

Замечание. При анализе данных опыта вместо вероятностей используют *эмпирические частоты*. Их получают по формулам

$$P(abU) = \frac{n(abU)}{n(U)}; \ P(aU) = \frac{n(aU)}{n(U)}; P(bU) = \frac{n(bU)}{n(U)}. \quad (2.14)$$

где $n(abU)$, $n(aU)$, $n(bU)$, $n(U)$ – объемы соответствующих эйдосов в гештальт-матрице U.

В практике эмпирических исследований гештальт-матрица U представляет *серию данных опыта*, или *серию испытаний*. В индивидуальном опыте эйдос U есть эйдос потока образов, идущего через сознание человека, который формирует свои личные знания.

Во всех случаях эйдос U служит *контекстом*, в котором вычисляются или субъективно оцениваются вероятности.

Определяющим признаком того, что эйдос U играет роль контекста, служит условие

$$P(U) = 1 \quad (2.15)$$

Иногда эйдос U называют *универсумом*, хотя это и не соответствует буквально латинскому *universum* или *summa rerum* – «*мир как целое*».

Величины, вычисленные по формулам (2.14) с учетом (2.15), обладают всеми формальными свойствами вероятностей. Их нередко и называют вероятностями. Но в большинстве практически важных случаев они *не являются вероятностями*, поскольку *порождены не случайным процессом*. Правильнее называть их *эмпирическими частотами*. Это название также часто используется в исследовательской практике.

Задача выявления степени статистической связи актуальна и в этих случаях. Для ее решения обычно применяют критерий отсутствия статистической связи (2.10) либо ее наличия (2.11), невзирая на отсутствие стохастичности.

§ 2.13. Детерминационная связь

Детерминационная связь между эйдосами *a* и *b* имеет направленный характер. Она всегда рассматривается в определенном контексте *U* (на фоне эйдоса *U*).

Степень детерминационной связи в направлении от *a* к *b* в контексте *U* определяется как мера предсказуемости эйдоса *b* на фоне эйдоса *U* при наличии эйдоса *a*. Наиболее простая и легко интерпретируемая мера этого рода, если говорить в вероятностных терминах, есть условная вероятность $P(aU|bU)$:

$$P(bU|aU) = \frac{P(abU)}{P(aU)} = \frac{n(abU)}{n(aU)} \qquad (2.16)$$

В обратном направлении, от *b* к *a*, в том же контексте *U* степень детерминационной связи определяется как мера предсказуемости эйдоса *a* на фоне эйдоса *U* при наличии эйдоса *b*. Такой мерой служит условная вероятность $P(aU|bU)$, «обратная» к условной вероятности $P(bU|aU)$:

$$P(aU|bU) = \frac{P(abU)}{P(bU)} = \frac{n(abU)}{n(bU)} \qquad (2.17)$$

Безошибочная предсказуемость в серии диалогов (опытов, образов) означает детерминизм *в данной серии*. В контексте U детерминизм достигается, если одна или обе условные вероятности (2.16), (2.17) равны единице. Для заданной пары эйдосов a, b возможны, очевидно, лишь три варианта детерминизма:

— только для $a \longrightarrow b$: $P(bU|aU) = 1$, $P(aU|bU) < 1$;
— только для $b \longrightarrow a$: $P(bU|aU) < 1$, $P(aU|bU) = 1$;   (2.18)
— для обоих направлений: $P(b|aU) = 1$, $P(a|bU) = 1$.

Последовательное и точное математическое выражение детерминационная связь получила в детерминационном анализе (DA) [06].

Детерминационная связь между эйдосами a и b в контексте U, это пара взаимно обратных правил $aU \longrightarrow bU$, $bU \longrightarrow aU$, которые, если говорить в терминах теории вероятностей, характеризуются двумя условными вероятностями $P(bU|aU)$ и $P(aU|bU)$, (см. также (1.22), (1.23)). В зависимости от направления связи одна из этих условных вероятностей называется точностью, другая – полнотой.

$$P(bU|aU) - \text{это } \textit{точность } \text{правила } aU \longrightarrow bU$$
$$\text{или } \textit{полнота } \text{правила } bU \longrightarrow aU.$$
$$P(aU|bU) - \text{это } \textit{точность } \text{правила } bU \longrightarrow aU$$
$$\text{или } \textit{полнота } \text{правила } aU \longrightarrow bU.$$

(2.19)

Созданная на этой основе математическая теория правил (детерминационный анализ, сокращенно DA) получила применение в социологии [40], социально ориентированной экономике [25], лингвистике [41], [42], [43], геоинформационных системах [44], биологии [45], [46], генетике [47], [48], [49], медицине [50], [51], исследованиях языка китообразных [52], [53] и ряде других областей.

На базе DA разработана оригинальная DA-технология создания, ведения и анализа реляционных баз данных любой сложности, реализованная в пакетах серии «DA-система» компании Контекст Медиа. DA-технология использовалась в крупных информационно аналитических системах корпоративного, муниципального и общенационального масштаба. К последним относятся действовавшие в России территориально распределенные общенациональные медицинские регистры. Регистр больных сахарным диабетом [54], регистр больных муковисцидозом [55], регистр «Болезни крови, иммунной системы и онкологические заболевания у детей и подростков» [56], [57], регистр «Ревматические болезни детей и взрослых» [58].

В отличие от технологий Microsoft и Oracle, DA-технология позволяет создавать, вести и анализировать базы данных людям, не знающим математики, и не умеющим программировать. Это важно для гуманитарно-ориентированных областей человеческой деятельности. Это преимущество DA-технологии есть всецело следствие математических решений, опирающихся на детерминационный анализ[8].

Что касается теории, то рамках DA было получено мощное расширение силлогистики Аристотеля [07], [08]. В третьей части этой работы подробно объяснено, что собой представляет расширенная силлогистика, включающая классическую силлогистику как весьма специальный частный случай.

---

[8] В России в 2000-м году, по независящим от нас с Линой причинам, эти работы сначала затормозились, а к 2007-му году стали невозможны. О причинах дает представление моя книга [88], вышедшая в США в 2020-м году. В феврале 2010 года мы с Линой эмигрировали в Израиль, где продолжили работу в области DA и приложений.

§ 2.14. Статистическая независимость и детерминизм, традиционная точка зрения

Принято считать, что детерминизм и статистическая независимость два полярно противоположных состояния статистической связи, два «полюса», противостоящих друг другу. Между ними располагаются все виды статистической связи.

Полюс статистической независимости по смыслу очевиден: это случай, когда связи нет.

Другой крайний полюс, полюс детерминизма, ассоциируется с функциональным типом зависимости. Смысл здесь тоже очевиден. На функциональных связях зиждется математическое описание большинства законов физики (в том числе тех, что опираются на вероятностные представления). Анализу функций посвящены наиболее востребованные теорией и практикой разделы математического анализа.

Между этими двумя полюсами расположены все градации статистической связи.

Идея «оппозиционности» детерминизма (функциональной связи) и статистической независимости широко распространена среди специалистов. В высококачественных руководствах по теории вероятностей эта идея воспроизводится редко, но такие случаи есть. Например, в своём известном учебнике Е. С. Вентцель (1907–2002) [59] сформулировала эту идею так: «Вероятностная зависимость может быть более или менее тесной; по мере увеличения тесноты вероятностной зависимости она все более приближается к функциональной. Таким образом, функциональную зависимость можно рассматривать как крайний, предельный случай вероятностной зависимости.

Другой крайний случай – полная независимость случайных величин. Между этими двумя крайними случаями лежат все градации вероятностной зависимости — от самой сильной до самой слабой».

§ 2.15. Статистическая независимость и детерминизм, действительное положение вещей

Представление о двух крайних полюсах статистической связи не отражает действительное положение дел. Вообще говоря, статистическая независимость и детерминизм *не противостоят друг другу.*

Даже в простейшем случае, когда речь идет о статистической связанности только двух событий, можно указать ситуацию, когда есть и детерминизм, и статистическая независимость. В принципе допустимы любые комбинации. Наличие либо отсутствие детерминизма может сочетаться с наличием, либо отсутствием статистической независимости. «Оппозиционности» нет. Говорить, что она есть и что это общее свойство вероятностных зависимостей, неверно.

Рассмотрим конкретно все возможные виды статистической связи между событиями a и b в направлении $a \rightarrow b$ (для обратного направления $b \rightarrow a$ следует везде далее поменять местами a и b). Будем исходить из того, что вероятности событий a и b больше нуля в некотором общем для них контексте U:

$$P(a) > 0, \quad P(b) > 0. \qquad (2.20)$$

Это равносильно предположению, что эйдосы a, b существуют.

Введем два параметра α и β следующим образом:

$$P(b|a) = 1 - \alpha, \qquad (2.21)$$

$$P(b|a) - P(b) = \beta. \qquad (2.22)$$

Как обычно, $P(b|a) = P(ab)/P(a)$.

Параметр α в (2.21) измеряет отклонение от детерминизма в направлении $a \to b$. Если $\alpha = 0$, это значит, что имеется *строгий функциональный детерминизм* «если a, то b» *выраженный в форме* «$a \to b$». Если $\alpha > 0$ — *строгого функционального детерминизма нет*, отклонение от детерминизма тем сильнее, чем больше величина α.

Параметр β в (2.22) есть мера нарушения *статистической независимости* событий a и b. Если $\beta = 0$, *имеет место статистическая независимость событий a и b*, выраженная соотношением $P(ab) = P(a)P(b)$ (см. также (2.10)). Если $\beta \neq 0$, *статистической независимости нет*, неравенство $P(b|a) - P(b) \neq 0$ *означает, что $P(ab) \neq P(a)P(b)$, т.е. что между событиями a и b есть связь* (см. также (2.11)).

Несложно проверить, что при любых заданных $P(a) > 0$, $P(b) > 0$ границы допустимых значений параметров α, β определяются следующими неравенствами:

$$\max\left\{0;\ 1 - \frac{P(b)}{P(a)}\right\} \leq \alpha \leq \min\left\{1;\ \frac{1-P(b)}{P(a)}\right\}, \qquad (2.23)$$

$$\max\left\{-P(b);\ -\frac{[1-P(a)][1-P(b)]}{P(a)}\right\} \leq \beta \leq \min\left\{1-P(b);\ \frac{[1-P(a)]P(b)}{P(a)}\right\} \quad (2.24)$$

Неравенства эти следуют из очевидных соотношений между объемами эйдосов a, b, ab в упомянутом контексте U:

$$\begin{cases} P(a) + P(b) - P(ab) \leq 1; \\ 0 \leq P(ab) \leq min\{P(a), P(b)\}. \end{cases} \qquad (2.25)$$

При этом следует учесть определение условной вероятности $P(b|a) = P(ab)/P(a)$ и условие совместности неравенств (2.20) и равенств (2.21) и (2.22):

$$P(b) = 1 - \alpha - \beta > 0. \qquad (2.26)$$

Несложно убедится, что в названных весьма общих условиях *статистический детерминизм* и *статистическая независимость не исключают друг друга как два несовместимых полюса*. Для этого в рассматриваемой ситуации укажем четыре класса конкретных случаев, в которых отсутствие либо наличие строгого детерминизма в направлении $a \rightarrow b$ (если a, то b) совмещается с отсутствием либо наличием статистической независимости a и b.

Ограничения (2.23), (2.24) с учетом условия (2.26) позволяет это сделать. Укажем эти классы.

Класс 1. $0 < \alpha$, $\beta \neq 0$. *Нет детерминизма, нет независимости*. Случаи, представляющие этот класс, имеют место, при любых $P(a)$, $P(b)$, удовлетворяющих цепочке строгих неравенств

$$0 < P(b) < P(a) < 1. \qquad (2.27)$$

Левое и среднее неравенства гарантируют существование эйдосов a, b. Кроме того, среднее неравенство гарантирует, что левая граница в (2.23) больше нуля, имеет место $0 < \alpha$, т.е. отсутствие детерминизма. Правое и среднее неравенства гарантируют, что диапазон (2.24) допустимых значений β содержит как положительные, так и отрицательные значения $\beta \neq 0$, удовлетворяющие условию совместности (2.26).

Класс 2. $0 < \alpha$, $\beta = 0$,. *Нет детерминизма, есть независимость*. Случаи, когда реализуется этот вариант, заведомо имеют место при любых $P(a)$, $P(b)$, удовлетворяющих той же цепочке строгих неравенств (2.27). Причина в том, что в диапазон (2.24) значений β, совместимых с отсутствием детерминизма $0 < \alpha$ и удовлетворяющих условию совместности (2.26), всегда входит значение $\beta = 0$.

Класс 3. $\alpha = 0$, $\beta \neq 0$. *Есть детерминизм, нет независимости*. Случаи этого рода заведомо существуют при любых $P(a)$, $P(b)$, удовлетворяющих цепочке неравенств

$$0 < P(a) \leq P(b) < 1. \qquad (2.28)$$

Как и ранее, левое и среднее неравенства здесь гарантируют существование эйдосов a, b. Среднее неравенство также гарантирует, что левая граница в (2.23) равна нулю, т.е. значение $\alpha = 0$, выражающее наличие детерминизма, допустимо. Правое неравенство гарантирует, что значение β, которое, согласно условию совместности (2.26), при $\alpha = 0$, равно

$$\beta = 1 - P(b), \qquad (2.29)$$

т.е. $\beta > 0$, а это значит, что независимость отсутствует.

Класс 4. $\alpha = 0$, $\beta = 0$. *Есть детерминизм, и есть независимость.* Случаи этого рода существуют при любом $P(a)$ при условии

$$0 < P(a) \le P(b) = 1. \qquad (2.30)$$

Легко проверить, что при наличии $P(b) = 1$ ограничение (2.23) допускает только наличие детерминизма $\alpha = 0$, а ограничение (2.24) — только статистическую независимость $\beta = 0$.

Заключение. Фактически доказана теорема: *статистический детерминизм и статистическая независимость представляют два разных класса явлений.*

Эти явления, как показано дальше, лежат в основе так называемого *детерминационного анализа.*

§ 2.16. Случай нормального распределения

Есть особый случай, важный для практики анализа данных опыта, когда статистическая независимость и детерминизм действительно представляют собой два крайних полюса, между которыми располагаются все виды статистической связи. Это случай гауссовского или *нормального* распределения. Пусть в некотором опыте вероятностная плотность *f(x,y)* событий по двум числовым переменным *x* и y распределена нормально (чтобы не загромождать ненужными деталями, я полагаю, как обычно, что дисперсии равны единице, а средние – нулю):

$$f(x,y) = \frac{1}{2\pi\sqrt{1-\rho^2}} e^{-\frac{x^2+y^2-2\rho xy}{2(1-\rho^2)}}$$

где $\rho = \overline{(x-\bar{x})(y-\bar{y})}$ (черта – знак среднего) — коэффициент корреляции, первый смешанный момент. Линии уровня даются уравнением

$$x^2 + y^2 - 2\rho xy = const. \tag{2.32}$$

В случае статистической независимости x и y коэффициент корреляции $\rho = 0$ и линии уровня (2.32) — это круги $x^2 + y^2 = const$, сопутствующий детерминизм при наличии статистической независимости невозможен. Распределение Гаусса не допускает локального совмещения статистической независимости и детерминизма. Класс событий, обозначенный в предыдущем пункте как «Класс 4», при нормальном распределении не существует.

Когда коэффициент корреляции стремится к единице, все распределение (2.31) сосредоточивается вблизи прямой $y = x$. Положим $\rho = 1 - \varepsilon$. При малых ε линии уровня (2.32) вытягиваются вдоль линии $y = x$:

$$(x-y)^2 = -2\varepsilon xy + const, \tag{2.33}$$

а распределение (2.31) приобретает вид функции

$$f(x,y) = \frac{1}{2\pi\sqrt{2\varepsilon}} e^{-\frac{(x-y)^2}{4\varepsilon}} \tag{2.34}$$

которая, как можно видеть, при $\varepsilon \to 0$ стремится к нулю во всех точках x, y, кроме тех, что расположены на прямой $y = x$, где она стремится к бесконечности, сохраняя при этом свойство $\int f(x,y)dxdy = 1$ (функцию с такими свойствами принято называть δ-*функцией*).

Замечательное свойство нормального распределения «разводить» детерминизм и статистическую независимость по полярно противоположным полюсам, а также другие уникальные свойства этого распределения обусловили научную чистоту и эффективность методов математической статистики, созданных для случаев, когда нормальное распределение имеет место. Я имею в виду, в частности, регрессионный анализ и его производные – метод главных компонент и факторный анализ.

В случаях, когда нормальное распределение не имеет места, научная чистота методов многомерного статистического анализа нарушается. За редкими исключениями это область науки с плохо продуманными основаниями. К ней следует относиться с осторожностью, чтобы не оказаться жертвой благопристойного обмана под прикрытием научных методов.

§ 2.17. Два примера, когда необходима осторожность

Пример 1. В обиходе современной практики анализа данных существуют десятки мер связи. Большинство учебников и компьютерных систем, поддерживающих анализ данных, преподносят их как разные *методы измерения связей*. В действительности это *разные определения того, что такое статистическая связь*.

Пример 2. Пусть в выборке объема $n = 1000$ объектов совместное распределение по значениям трех двоичных переменных x, y, z устроено так, что переменная x, будучи строгой функцией $x = \varphi(y, z)$, состоит из четырех точных правил $bc \to a, \overline{b}c \to \overline{a}, b\overline{c} \to \overline{a}, \overline{b}\,\overline{c} \to a$:

x				
a	250	0	0	250
$\bar{a}$	0	250	250	0
	bc	$\bar{b}c$	$b\bar{c}$	$\bar{b}\bar{c}$ yz

x		
a	250	250
$\bar{a}$	250	250
	b	$\bar{b}$ y

x		
a	250	250
$\bar{a}$	250	250
	c	$\bar{c}$ z

y		
b	250	250
$\bar{b}$	250	250
	c	$\bar{c}$ z

Три другие таблицы показывают, что при этом объекты той же выборки распределены по парам переменных $(x, y), (x, z), (y, z)$.

При *произвольных* числах $a \neq \bar{a}$, $b \neq \bar{b}$, $c \neq \bar{c}$, (произвольность дает возможность считать их эйдосами любых образов, в том числе эйдосами текстов) матрица парных коэффициентов корреляции имеет такой вид:

$$\begin{bmatrix} \rho_{xx} & \rho_{xy} & \rho_{xz} \\ \rho_{yx} & \rho_{yy} & \rho_{yz} \\ \rho_{zx} & \rho_{zy} & \rho_{zz} \end{bmatrix} = \begin{bmatrix} 1 & 0 & 0 \\ 0 & 1 & 0 \\ 0 & 0 & 1 \end{bmatrix}$$

Следуя обычным рекомендациям многомерного статистического анализа, мы обязаны заключить, что эта матрица однозначно указывает: переменные (факторы) x, y, z взаимно независимы, тогда как приведенная выше функция φ свидетельствует, что это не так: каждая из трех переменных x, y, z *есть строгая функция от двух других.*

Игнорирование таких «парадоксов» может дорого стоить. Например, при испытаниях медицинских препаратов оно может повлечь (и влечет иногда) человеческие жертвы под прикрытием науки.

Причина «парадокса» не нелинейность, а неверное понимании того, что такое статистическая связь. Рассмотрим проблему детальнее.

§ 2.18. Проблематизация понятия «статистическая связь»

Вот вопрос: имеет ли смысл считать, что выполнение эквивалентных друг другу (переводимых друг в друга) равенств

$$P(b|a) = P(b), \ P(a|b) = P(a), \ P(ab) = P(a)P(b) \ (2.35)$$

свидетельствует о независимости *событий a и b?*

Есть повод сомневаться. Согласно первому и второму слева равенствам в (2.35), то, что называют *независимостью событий a и b*, в действительности есть *независимость вероятности P(b|a) события b от события a*, либо, что эквивалентно, *независимость вероятности P(a|b) события a от события b.*

Небольшая вольность в названии явления («независимость *событий*» вместо «независимость *вероятности от события*»), не имеет значения, если проблема лишь в выборе имени для соотношений (2.35).

Не так уж важно, как называть эти соотношения, когда понятно, о чем идет речь по существу. На это указал еще А.Н. Колмогоров в «Основных понятиях теории вероятностей» [21].

Но ситуация радикально меняется, если нужно измерить связь *между событиями*. Можно ли связь *между событиями a и b* измерять как альтернативу *независимости вероятности одного события от другого события?*

Моя точка зрения – нет. Связь между событиями, это предсказуемость: следование «если, то», более или менее точное. Предсказуемость измеряется условной вероятностью. Только. Условная вероятность $P(b|a)$ есть доля правильных суждений вида «если *a*, то *b*» среди всех случаев, когда имеется *a*. Это наилучшая мера предсказуемости, мера связи, понимаемой как следование «если, то».

Можно ли степенью нарушения статистической независимости, степенью нарушения равенств типа (2.35), измерять степень предсказуемости? Ответ: *нельзя*. Потому что детерминизм в направлении, например $a \rightarrow b$, не возникает, как наивысшее значение разности типа $P(b|a) - P(b)$ или разности типа $P(ab) - P(a)P(b)$. Он возникает *только как наивысшее значение условной вероятности* $P(b|a)$. Если бы действительно имели место два полюса, на одном из которых детерминизм, а на другом – статистическая независимость, тогда другое дело.

Но, как было показано выше, детерминизм и статистическая независимость *не противостоят друг другу*. Они могут сколь угодно близко приближаться друг к другу, и даже, в конце концов, сойтись.

Измерять связь как степень нарушения условий (2.35) – значит пренебрегать детерминизмом, высшая степень которого есть строго функциональная зависимость.

Эти соображения заставили меня в свое время попытаться найти такую концепцию статистической связи, чтобы исчез конфликт между способом определять связь как меру нарушения статистической независимости, с одной стороны, и как меру приближения к детерминизму, – с другой. Такая концепция была найдена.

§ 2.19. Детерминационная концепция статистической связи

Суть решения, найденного в 1977 году [25], такова.

Статистическую связь между событиями *a* и *b* в контексте *U* характеризуют *две условные вероятности* $P(b|a)$ и

$P(a|b)$, подсчитанные в контексте U. *Других характеристик нет.*

Итак, фундаментальная мера статистической связи как меры предсказуемости, есть условная вероятность, и только. Это вне сомнений.

Но классическое определение статистической связи никуда не исчезает.

То, что в классике считается *мерой статистической связи*, в новой концепции получает иную интерпретацию.

Теперь это *мера существенности факторов*, сочетанием которых объясняется либо прогнозируется нечто третье.

При исключении какого-либо фактора из рассмотрения возникает приращение условной вероятности. Если оно *равно нулю*, в классике это интерпретируется как *статистическая независимость событий*.

В новой концепции статистической связи интерпретация другая: если при исключении какого-либо фактора приращение условной вероятности равно нулю, исключаемый из рассмотрения фактор *не существенный, не играет никакой роли.*

Этим решается проблема места классической статистической независимости и ее нарушений в новой концепции статистической связи.

Допустим, приращение условной вероятности, возникающее при удалении фактора, *отлично от нуля*. В классике это интерпретируется как *наличие статистической связи*.

В новой концепции это означает, что удаляемый фактор *существенный* и *позитивный*, либо *существенный* и *негативный*, смотря по тому, какой *знак приращения условной вероятности* – плюс или минус.

В итоге старое понимание статистической связи входит в новое понимание как органичная часть. Но в новой интерпретации. Причем новизна лишь в том, что исправляется когда-то допущенная некорректность, выразившаяся в простом факте: в истории науки *независимость вероятности от события*, получила название *независимости событий*, и под этим именем вошла в обиход теории вероятностей.

Новая концепция возвращает издавна широко известному формальному соотношению его буквальный смысл, и только.

Теперь о том же, но более подробно.

Рассмотрим суждение «если *a*, то *b* в контексте *U*». Формально это правило $aU \rightarrow bU$. Его *точность* определяется величиной $P(b|a)$, вычисленной в контексте *U*.

Насколько существен фактор *a* в $aU \rightarrow bU$? Чтобы дать ответ, сравним суждения $aU \rightarrow bU$ и $U \rightarrow bU$. В качестве меры существенности примем приращение β условной вероятности $P(bU|aU)$, которое возникает при удалении из суждения $aU \rightarrow bU$ фактора *a*:

$$P(bU|aU) - P(bU|U) = \beta \qquad (2.36)$$

Рассмотрим три случая.

Случай 1. $\beta = 0$. В этом случае фактор *a несущественный*. Он не влияет на величину статистической связи. В суждении $aU \rightarrow bU$ вместо сочетания эйдосов aU можно оставить только эйдос *U*. Степень связи в направлении $aU \rightarrow bU$ от этого не изменится. Не увеличится и не уменьшится, останется той же самой.

Случай 2. $\beta > 0$. В этом случае фактор *a* существенный и **позитивный**. Термин «*позитивный*» означает, что фактор *a* вносит *положительный* вклад в статистическую связь $aU \rightarrow bU$, *приближая* её к строгому детерминизму. Если фактор *a* убрать, т.е. вместо сочетания эйдосов aU оставить один эйдос U, связь в направлении $aU \rightarrow bU$ будет *меньше.*

Случай 3. $\beta < 0$. Это значит, что фактор *a существенный,* но *негативный.* Термин «негативный» означает что фактор *a* вносит *отрицательный* вклад в статистическую связь $aU \rightarrow bU$, *отдаляя* её от строгого детерминизма. Если фактор *a* убрать, т.е. вместо сочетания эйдосов aU оставить один эйдос U, степень связи увеличится, о чём свидетельствует соотношение (2.36) при $\beta < 0$.

Теперь нужно только обратить внимание, что соотношение (2.36) то же самое, что и (2.22).

Формальный смысл параметра β в (2.36) тот же, что и в (2.22). Но интерпретация иная.

В (2.22) равенство $\beta = 0$ интерпретируется как *статистическая независимость событий a* и *b* (классическая концепция статистической связи).

А в (2.36) то же самое интерпретируется как *несущественность фактора a при объяснении либо прогнозе события b* (новая концепция статистической связи).

В (2.22) случай $\beta \neq 0$ интерпретируется как *наличие статистической связи* между *a* и *b* (классическая концепция).

А в (2.36) то же самое неравенство $\beta \neq 0$ интерпретируется как свидетельство, что при объяснении или прогнозе события *b* фактор *a существенный.* Причем знак β говорит о *позитивности* ($\beta > 0$) либо *негативности* ($\beta < 0$) фактора *a* (новая концепция статистической связи).

Такое понимание статистической связи точнее отражает феноменологию мышления.

Когда я понял это (в конце 1972 года), построить ясную математическую теорию правил вида $aU \rightarrow bU$, где эйдос a, есть, к примеру, некое сочетание $a_1 a_2 \dots a_r$ факторов $a_1, a_2, \dots, a_r$, тогда как эйдосы b, U суть произвольные комбинации других эйдосов, оказалось делом техники.

Точно также стало делом техники создать методы обнаружения правил, в данных организованного опыта и разработать вычислительные системы для поддержки необходимых вычислений.

Так возникла теория дискретных квазифункциональных соответствий, названных «детерминациями», которые содержатся в данных любого организованного опыта. Для поддержки необходимых вычислений были разработаны вычислительные методы и компьютерные программы. Итогом стал *детерминационный анализ* (D-анализ или DA) [06].

Разнообразные компьютерные вычислительные системы, рассчитанные на приложения в широком спектре практических задач (от персональных пользователей до крупномасштабных проектов в области медицины, медицинских регистров, муниципальных систем) вела компания «Контекст Медиа», созданная в конце 1980-х, когда в России стали возможными негосударственные компании[9].

§ 2.20. D-правила и правдоподобные умозаключения

Детерминации суть умозаключения типа «из a следует b в контексте U», инициируемые в человеческом сознании частотами наблюдаемых событий. Они играют важную роль в языке. Это основа правдоподобных умозаключений,

---

[9] В 2007 году эта компания прекратила существование. О причинах дает представление моя книга [88], вышедшая в США в 2020-м году.

поддерживающих процесс создания как обыденных, так и научных знаний, в том числе математических.

Практику использования такого рода умозаключений в математических изысканиях выдающихся математиков прошлого, приведших к фундаментальным открытиям, детально изучил Дьердь Пойа (*George Polya*, 1887–1985).

В изумительно просто и ясно написанной книге «Математика и правдоподобные рассуждения» [60] Пойа проанализировал многочисленные примеры правдоподобных умозаключений математиков, создавших значительную часть современной математики. Внушительный список математиков, чей опыт проанализирован в этой книге, возглавляет Эйлер.

Пойа соединил представления современной математической логики и теории вероятностей в единую концептуальную схему, обратившись к феноменологии профессиональной математической деятельности. Из известных мне попыток оперировать квазифункциональными соответствиями типа детерминаций эта – самая последовательная, красивая и интеллектуально честная.

Индуктивные следования, о которых говорит Пойа в своей книге, это, по сути, D-правила, детерминации типа $aU \rightarrow bU$. Они представляют связи между эйдосами, которые возникают в сознании на основе наблюдений.

§ 2.21. D-правила и функции

Понятие правила входит в определение самого, пожалуй, фундаментального математического объекта в рамках математического анализа – функции.

Функции определяются в математике как совокупности правил, часто бесконечные по численности. Так функция

$s = n^2$, определенная на множестве целых чисел, это бесконечная совокупность правил вида $n \rightarrow n^2$, каждое из которых определенному целому числу n ставит в соответствие его квадрат, обозначаемый символом n^2 или s, что, согласно равенству $s = n^2$, одно и то же.

В общем случае «*функция f, определенная на заданном множестве X со значениями в заданном множестве Y*, это, по определению, правило, которое каждому элементу x множества X ставит в соответствие *единственный* элемент $y = f(x)$ множества Y».

Подразумевается, что функция f, о которой идет речь, есть совокупность стольких правил вида $x \rightarrow y = f(x)$, сколько элементов в множестве X. Указание, что при заданном x элемент $y = f(x)$ единственный, равносильно указанию, что функция f однозначная.

Функцию $y = f(x)$ также называют отображением (однозначным) множества X в (на) множество Y, обозначая это отображение символом $f : X \rightarrow Y$.

Единственность элемента $y = f(x)$ при заданном x предполагает по умолчанию, что правила $x = f(x)$, образующие функцию, точные. Отличие точности от единицы означало бы, что помимо правила $x \rightarrow y$ с отличной от нуля точностью существует также правило $x \rightarrow y'$, точность которого также отлична от нуля, причем $y' \neq y$. Строгое определение функции этого не допускает.

Легко убедиться, что в любой полной гештальт-матрице произвольного вида (1.1) любая переменная x_i есть функция от объекта g. Обозначим ее символом φ_i, так что $x_{ik} = \varphi_i(g_k)$. Функции φ_i состоят из точных правил вида $g_k \rightarrow x_{ik} = \varphi_i(g_k)$. Любое правило $g_k \rightarrow x_{ik}$ имеет точность

$P(x_{ik}|g_k) = 1$ и полноту $P(g_k|x_{ik}) = 1/n(x_{ik})$, где $n(x_{ik})$, есть объем эйдоса x_{ik}.

Функции φ_i, $i = 1,2,\dots n$ (n-объем гештальт-матрицы) есть феноменологический прототип математической функции.

На протяжении всей истории развития математики гештальты правил $g_k \rightarrow x_{ik}$ в гештальт-матрицах типа (1.1) формировали (и формируют) в сознании людей интуицию функциональной связи между значениями переменных, — как числовых, так и нечисловых.

В детерминационном анализе функции, представленные точными правилами (имеющими точность, равную единице), называются *нормальными*.

Однако могут быть функции и отличные от нормальных. Они состоят из правил, точность которых меньше единицы.

Вместе с нормальными функциями они образуют класс так называемых *D-функций*.

В известном смысле понятие D-функции обобщает понятие функции ровно в той мере, в какой D-правило обобщает понятие правила. Начальные представления о D-функциях даны в монографии [06].

Замечание. Для непрерывной функции $y = f(x)$, заданной на связном множестве x действительных чисел, D-правила $x \rightarrow f(x)$ не определены, так как объемы эйдосов $x, f(x)$ в этом случае равны нулю по определению. Чтобы преодолеть трудность, вместо точек $x, f(x)$ можно (и нужно) рассматривать их малые окрестности Δx, $\Delta f(x)$. Другой путь – подвергнуть детальной ревизии и пересмотру практику применения континуальных числовых множеств в случаях, когда эйдосы представлены элементами пространства-времени, имеющими принципиально конечный объем. Я склонен связывать перспективы развития детерминационного анализа со вторым направлением (см. «Происхождение математики и основания геометрии» в конце заключительной главы 4).

Глава 3. Феноменология диалогов в основаниях логики

§ 3.01. Вводное замечание

Два тома «Логических исследований» Гуссерля [61], [62] в 1900–1901 годах положили начало первому периоду становления феноменологии как направления научной мысли. Именно тогда, в 1913–1914 годах, Гуссерль выдвинул концепцию феноменологических оснований логики.

Тема гештальтов не могла тогда войти активной составляющей в обсуждение феноменологических оснований логики. Гештальты как первоэлементы сознания были открыты Вертгеймером лишь в 1912 году.

Насколько знаю (буду рад, если ошибаюсь) роль гештальтов совместно с феноменологией диалогов в основаниях логики до сих пор в научной литературе не обсуждалась.

Подход к построению логики на основе феноменологии диалогов известен как *детерминационная логика* – см. работы [01], [06], [07], [08] и библиографию к ним. Сказанное ниже дает возможность понять, в чем именно этот подход состоит.

По форме это обзор базовых идей детерминационной логики, включающий методы вычисления истинности логических законов и гипотез, а также обзор результатов, полученных при таком способе думать о логике, ее природе и методах. По сути, это краткое введение в теорию взаимодействия эйдосов в гештальт-матрицах.

§ 3.02. Простые предложения в естественном языке

Краеугольный камень знаний – и обыденных и научных - простое предложение вида «a есть b в контексте U».

Феноменологический прототип простого предложения такого вида есть D-правило $a \rightarrow b$ *в контексте U, или* $aU \rightarrow bU$. Правило $aU \rightarrow bU$ обладает точностью и полнотой. Хотим мы того или нет, всякое простое предложение в естественном языке явно или неявно есть *высказывание о точности правила, которое служит феноменологическим прототипом этого предложения.*

В живой речи простые предложения «a есть b в контексте U» обычно предполагают ситуацию, когда контекст U уникален, а эйдосы a, b, U суть единичные эйдосы, гештальты.

Таковы повседневные обмены впечатлениями об увиденном и услышанном там-то и тогда-то. Обычно они состоят из простых предложений в уникальных контекстах. «Мы встретились там-то, он сказал то-то, это было тогда-то» и т.д.

В таких случаях точность правил, которые служат феноменологическими прототипами простых предложений, всегда равна единице. Понятно, почему. Когда гештальты a, b вместе появляются в гештальт-матрице U объема $n = 1$, точность правила $aU \rightarrow bU$ всегда равна единице. Другое невозможно.

Если объем эйдосов a, b, U превышает единицу, требуется более сложная грамматическая поддержка, чтобы определить границы, в которых находится точность правила $aU \rightarrow bU$. Но и в этих случаях контекст часто делает точность правил строго определенной.

Скажем, в генетической лаборатории изучают конкретную популяцию мух. И кто-то говорит о цвете глаз у мух, имея в виду именно эту популяцию. Тогда фраза «у мух (*a*) красные глаза (*b*)» показывает, что точность правила *a* → *b* в контексте данной популяции равна единице.

В качестве указателей, вносящих определенность в оценку точности, используются слова *никогда, бывает, редко, часто, всегда.* Или комбинации слов типа *очень часто, почти всегда, очень редко, сравнительно редко, почти никогда, за редкими исключениями,* и т.д.

Этих скупых средств оказывается достаточно. В любом естественном языке имеется развитая система средств, позволяющая без лишних слов по умолчанию делать вывод о границах точности правил, скрывающихся за высказываниями вида «*a* есть *b* в контексте *U*». Любой, кто владеет языком, умеет этим пользоваться, не задумываясь о том, что, оперируя линейными текстами, он, по сути, оперирует частотами гештальтов. Это делается подсознательно.

§ 3.03. Простые предложения в логике

В обыденной жизни при оценке точности правил, скрывающихся за простыми предложениями, умолчания играют большую роль. Пользоваться ими помогает социально усвоенная логика интерпретации простых предложений.

Но когда логика превращается в специальную дисциплину, умолчания неуместны.

Поэтому Аристотель, создавая логику как универсальную строгую систему научных знаний, прежде всего выделил наиболее часто встречающиеся в живой речи умолчания при оценке точности правил. Он подробно проанализировал способы, используемые в живой речи для обозначения точности правил, и тому, что подразумевается, дал явные формы выражения [63]. Из используемых в языке способов указания на точность правил он выделил четыре варианта, которые утвердил, как основные, и на них построил силлогистику.

§ 3.04. Квантифицирующие суждения Аристотеля

Аристотель много занимался систематикой животных и растений [64]. С другой стороны, усилиями своего учителя Платона и по собственным склонностям он был погружен в диалогическую практику сократических бесед, где постоянно звучала тема взаимоотношений единого и многого, частного и общего, как в диалоге «Парменид» [65][10]. Темы бесед раскрывались на фоне соображений о природе эйдосов и их фундаментальной роли в мироздании.

Эти и другие обстоятельства предопределили способ, каким Аристотель устранил умолчания в оценке точности правил.

В любом простом предложении, которое используется в его силлогистике, он сделал обязательным словесно выраженное указание на точность правила, которое служит феноменологическим прототипом простого предложения.

Простое предложение с таким указателем принято называть *квантифицирующим суждением*.

Применительно к любому правилу вида $x \rightarrow y$, представляющему феноменологический прототип простого предложения «x есть y», Аристотель ввел четыре

---

[10] Среди персонажей диалога «Парменид» есть юноша по имени Аристотель, но это не тот Аристотель, что остался в памяти людей как великий философ, ученик Платона, автор силлогистики.

типа квантифицирующих суждений с указателями *все суть, ни один не есть, некоторые суть, некоторые не суть*. Их принято обозначать буквами **a, e, i, o**:

a	Все x суть y	Общеутвердительное	
e	Ни один x не есть y	Общеотрицательное	(3.1)
i	Некоторые x суть y	Частно-утвердительное	
o	Некоторые x не суть y	Частно-отрицательное	

Обозначения **a, e, i, o** ввел в XIII веке Петр Испанский (Pietro di Guiliano, ок. 1210–1277), философ, медик, логик, богослов, в 1276–1277 гг. папа Иоанн XXI, автор трактата Summulae Logicales, в течение нескольких веков служившего учебником логики в системе европейского образования.

Каждое квантифицирующее суждение в (3.1) определяет возможный вариант допустимых значений диапазона $\Delta_{x \to y}$, в котором находится точность $P(y|x)$ правила $x \to y$. Каждый вариант представляет подотрезок единичного отрезка $\sigma = [0.1]$, как показано ниже в таблице (3.2), столбец «Диапазон точности $\Delta_{x \to y}$». В столбце «Круги Эйлера» меньший круг изображает эйдос x, больший – эйдос y.

Таблица (3.2)

Квантифицирующее суждение	Диапазон точности $\Delta_{x \to y}$	Круги Эйлера, эйдосы x, y	Объемы эйдосов xy и x
a. Все x суть y	$[1, 1]$	$x\ \odot\ y$	$n(xy) = n(x)$
e. Ни один x не есть y	$[0, 0]$	$x\ \bigcirc\bigcirc\ y$	$n(xy) = 0$
i. Некоторые x суть y	$[1/n, 1]$	$x\ \odot\ y$	$n(xy) \geq 1$
o. Некоторые x не суть y	$[0,\ 1\text{-}1/n]$	$x\ \infty\ y$	$n(xy) < n(x)$

Отрезки $[1, 1]$ и $[0, 0]$ соответствуют суждениям **a, e**. Они вырожденные. Это крайние точки 1 и 0 единичного отрезка σ. Два других отрезка $[1/n, 1]$ и $[0, 1\text{-}1/n]$ соответствуют суждениям **i**, **o**. В них n – объем гештальт-матрицы, а $1/n$ — «квант частоты», минимальное значение доли одного гештальта в объеме любого из эйдосов.

Отрезки во втором слева столбце вместе с единичным отрезком σ образуют *феноменологический базис* $\mathcal{A}_0$ силлогистики Аристотеля:

$$\mathcal{A}_0 = \{[1,1],\ [0,0],\ [1/n,\ 1],\ [0,\ 1-1/n],\sigma\}. \tag{3.3}$$

Помимо диапазона точности, каждому квантифицирующему суждению для правила $x \to y$ соответствует определенная диаграмма с кругами Эйлера для эйдосов x, y, а также ограничение на объемы эйдосов x, xy. Это указано в третьем и четвертом (слева-направо) столбцах таблицы (3.2).

В истории логики квантифицирующие суждения **a**, **i** превратились в известные всем базовые логические кванторы: квантор всеобщности $\forall$ и квантор существования $\exists$.

§ 3.05. Феноменологический прототип произвольного силлогизма

Феноменологический прототип любого силлогизма есть следование

$$\text{Если } \{(a \to b) \text{ и } (b \to c)\}, \text{то } (a \to c) \tag{3.4}$$

при условии, что объемы эйдосов a, b, c ограничены некоторыми диапазонами, и в любом случае больше нуля.

Следование (3.4) включает три правила: $a \to b$, $b \to c$ (посылка) и $a \to c$ (следствие).

Полное описание любого правила $x \to y$ содержит не только точность $P(y|x)$, но и полноту $P(x|y)$.[11] При этом *полнота* $P(x|y)$ правила $x \to y$ есть *точность* обратного правила $y \to x$. В итоге полное описание правила $y \to x$ имеет вид

$$
\begin{bmatrix}
x \to y \\
\Delta_{x \to y} \\
\Delta_{y \to x}
\end{bmatrix}
\tag{3.5}
$$

Здесь $\Delta_{x \to y}$ — диапазон, которым ограничены значения точности $P(y|x)$ *правила* $x \to y$; $\Delta_{y \to x}$ — диапазон, которым ограничены значения точности $P(x|y)$ *обратного правила* $y \to x$. В общем случае $\Delta_{x \to y}$ и $\Delta_{y \to x}$ суть подотрезки единичного отрезка σ.

С учетом этого феноменологический прототип (3.4) произвольного силлогизма, если его выписывать полностью, выглядит так:

$$
\begin{bmatrix}
a \to b & b \to c \\
\Delta_{a \to b} & \Delta_{b \to c} \\
\Delta_{b \to a} & \Delta_{c \to b}
\end{bmatrix}
\to
\begin{bmatrix}
a \to c \\
\Delta_{a \to c} \\
\Delta_{c \to a}
\end{bmatrix}
\tag{3.6}
$$

Это не совсем обычное правило в том смысле, что оно есть *правило над правилами*. В нем *одно* правило $a \to c$ есть следствие *двух* правил $a \to b$, $b \to c$. Желая это подчеркнуть, будем называть его *метаправилом* или *правилом второго рода*. А правила $a \to b$, $b \to c$, $a \to c$ в верхней строке (3.6) будем называть *обычными* правилами, или правилами *первого рода*. Каждое правило первого рода характеризуется двумя диапазонами. Один — диапазон значений точности этого правила. Другой — диапазон

---

[11] Напомню, что величины $P(y|x)$, $P(x|y)$ вычисляются в гештальт-матрицах точно так же, как условные вероятности в обычных матрицах данных, но в общем случае вероятностями не являются. Они служат мерой объёмов для эйдосов x, y относительно друг друга.

значений полноты этого правила или точности обратного правила (если говорить только в терминах точности).

Обозначения правил $a \to b$, $b \to c$, $a \to c$ в верхней строке (3.6) повторяются в обозначениях диапазонов средней строки, их можно убрать. В итоге феноменологический прототип (3.4) произвольного силлогизма принимает форму метаправила

$$\begin{bmatrix} \Delta_{a \to b} & \Delta_{b \to c} \\ \Delta_{b \to a} & \Delta_{c \to b} \end{bmatrix} \to \begin{bmatrix} \Delta_{a \to c} \\ \Delta_{c \to a} \end{bmatrix}. \qquad (3.7)$$

Будем рассматривать это метаправило, предполагая, что в общем случае диапазоны $\Delta_a, \Delta_b, \Delta_c$, которыми ограничены, соответственно, объемы $P(a) = n(a)/n$, $P(b) = n(b)/n$, $P(c) = n(c)/n$ эйдосов a, b, c, имеют такой вид:

$$\begin{cases} \Delta_a = [\omega_a, \theta_a]; & 1/n \leq \omega_a \leq P_n(a) \leq \theta_a \leq 1 \\ \Delta_b = [\omega_b, \theta_b]; & 1/n \leq \omega_b \leq P_n(b) \leq \theta_b \leq 1 \\ \Delta_c = [\omega_c, \theta_c]; & 1/n \leq \omega_c \leq P_n(c) \leq \theta_c \leq 1 \end{cases} \qquad (3.8)$$

Здесь $(1/n) \equiv \varepsilon$ - «квант частоты», минимальное значение доли одного гештальта в объеме любого из эйдосов гештальт-матрицы объема n.

§ 3.06. О возможности реконструировать процесс создания классической силлогистики

Гештальт-матрица содержит полную совокупность гештальтов, формирующих в сознании интуицию базовых математических понятий. Среди них арифметическая единица, множество, переменная, функция, мера, вероятность. Гештальт-матрица – это онтологический прототип реальности сознания, предопределившей процесс уяснения названных понятий многими поколениями математиков. Аргументы в пользу такой точки зрения приведены в предыдущей главе.

Аналогично можно понимать метаправило (3.7) при условии (3.8). Это тоже онтологический прототип реальности сознания.

Только теперь речь идет о реальности, предопределившей возникновение классической силлогистики. А вместе с ней и возникновение парадигмы логических знаний, просуществовавшей от IV века до нашей эры вплоть до начала XX века, когда ее сменила новая парадигма логики, давшая логистику, а затем и современную формальную логику.

Принимая метаправило (3.7) при условии (3.8) в качестве отправного пункта, можно реконструировать процесс создания классической силлогистики Аристотелем и его последователями.

Сделать это невозможно или крайне трудно, если следовать только современной герменевтической традиции, принимая за отправную точку корпус дошедших до нас текстов, посвященных силлогистике.

Я имею в виду корпус, включающий, помимо оригинальных и переводных текстов самого Аристотеля, также тексты многочисленных последователей и комментаторов, созданные на разных языках за две с лишним тысячи лет, отделяющих нас от времени, когда жил создатель силлогистики.

Между тем в рамках феноменологии диалогов процесс создания силлогистики может быть реконструирован органично и недвусмысленно. Причем дело не ограничивается только реконструкцией.

Появляется возможность существенно расширить и развить представления о силлогистике. В частности, получить мощное расширение классической силлогистики.

Причем математический аппарат, который приводит к такому расширению силлогистики, применим и в других разделах логики, за пределами собственно силлогистики.

Дальнейшее объясняет, как возникают эти возможности, а также как и какие конкретно результаты получаются на этом пути.

§ 3.07. Происхождение силлогистических фигур

Создавая силлогистику, Аристотель и его последователи ограничились четырьмя частными случаями метаправила (3.7). Они известны как *силлогистические фигуры* (далее σ = [0,1] - единичный отрезок):

$$
\text{Первая фигура} \quad \begin{bmatrix} \Delta_{a\to b} & \Delta_{b\to c} \\ \sigma & \sigma \end{bmatrix} \to \begin{bmatrix} \Delta_{a\to c} \\ \sigma \end{bmatrix}
$$

$$
\text{Вторая фигура} \quad \begin{bmatrix} \Delta_{a\to b} & \sigma \\ \sigma & \Delta_{c\to b} \end{bmatrix} \to \begin{bmatrix} \Delta_{a\to c} \\ \sigma \end{bmatrix}
$$

$$
\text{Третья фигура} \quad \begin{bmatrix} \sigma & \Delta_{b\to c} \\ \Delta_{b\to a} & \sigma \end{bmatrix} \to \begin{bmatrix} \Delta_{a\to c} \\ \sigma \end{bmatrix} \qquad (3.9)
$$

$$
\text{Четвёртая фигура} \quad \begin{bmatrix} \sigma & \sigma \\ \Delta_{b\to a} & \Delta_{c\to b} \end{bmatrix} \to \begin{bmatrix} \Delta_{a\to c} \\ \sigma \end{bmatrix}
$$

Знак σ показывает, что стоящий на месте этого знака диапазон точности соответствующего правила (диапазон и само правило явно указаны в (3.7)) равен единичному отрезку. Поскольку рамками единичного отрезка ограничен диапазон точности любого правила, вне зависимости от чего бы то ни было, знак σ в (3.9) везде можно опустить, и тогда запись силлогистических фигур принимает вид:

$$
\begin{aligned}
\text{Первая фигура} \quad & (\Delta_{a\to b} \quad \Delta_{b\to c}) \to (\Delta_{a\to c}) \\
\text{Вторая фигура} \quad & (\Delta_{a\to b} \quad \Delta_{c\to b}) \to (\Delta_{a\to c}) \\
\text{Третья фигура} \quad & (\Delta_{b\to a} \quad \Delta_{b\to c}) \to (\Delta_{a\to c}) \\
\text{Четвёртая фигура} \quad & (\Delta_{b\to a} \quad \Delta_{c\to b}) \to (\Delta_{a\to c})
\end{aligned} \qquad (3.10)
$$

В сложившейся традиции эйдосы a, b, c принято называть *терминами*, полагая, что a – *меньший термин, b – средний термин, c – больший термин.*

§ 3.08. Ограничения на объемы эйдосов

При создании классической силлогистики был рассмотрен частный случай условия (3.8), который соответствует только требованию существования эйдосов, a, b, c:

$$\begin{cases} \Delta_a = [1/n, 1]; & 1/n \le P(a) \le 1 \\ \Delta_b = [1/n, 1]; & 1/n \le P(a) \le 1 \\ \Delta_c = [1/n, 1]; & 1/n \le P(a) \le 1 \end{cases} \qquad (3.11)$$

В этом случае $\omega_a = \omega_b = \omega_c = 1/n = \varepsilon, \theta_a = \theta_b = \theta_c = 1$. Другие варианты диапазонов $\Delta_a, \Delta_b, \Delta_c$, указанные в (3.8), в классической силлогистике не рассматривались.

§ 3.09. Базис классической силлогистики

При создании классической силлогистики в качестве нетривиальных (отличных от σ) диапазонов $\Delta_{a \to b}, \Delta_{b \to a}, \Delta_{b \to c}, \Delta_{c \to b}, \Delta_{a \to c}$ для значений точности правил, участвующих в формулировке силлогизмов, были рассмотрены только варианты, соответствующие квантифицирующим суждениям **a, e, i, o**. Эти варианты образуют, как было отмечено выше, феноменологический базис $\mathcal{A}_0$ классической силлогистики:

$$\mathcal{A}_0 = \{[1, 1], [0, 0], [1/n, 1], [0, 1-1/n], \sigma\}. \qquad (3.3)$$

Три названных выше упрощающих предположения не были необходимыми. Почему, покажу ниже. Но их оказалось достаточно, чтобы построить классическую силлогистику.

§ 3.10. Происхождение комбинаторики классической силлогистики

Описанные выше упрощающие предположения предопределили специфическую комбинаторику при подсчете общего количества классических силлогизмов, рассмотренных Аристотелем и его последователями на предмет выяснения их истинности либо ложности.

Каждая фигура в (3.10) содержит три правила. Точность каждого правила может быть ограничена четырьмя вариантами диапазонов. Эти диапазоны представлены в базисе A_0 четырьмя отрезками, отличными от единичного, показанными в (3.3). В словесной форме эти отрезки эквивалентны квантифицирующим суждениям **a**, **e**, **i**, **o**. В итоге по каждой фигуре имеется $4^3 = 64$ силлогизма. Фигур четыре. Итого $4 \times 64 = 256$ силлогизмов.

Этот хорошо известный несложный алгоритм подсчета общей численности силлогизмов, среди которых и классические истинные силлогизмы, я привожу, чтобы лишний раз подчеркнуть: известные свойства классической силлогистики объясняются в деталях феноменологией диалогов и ролью гештальт-матриц в организации сознания.

§ 3.11. Состав классических силлогизмов Аристотеля

Из 256 всех вообще силлогизмов, обусловленных тремя указанными выше ограничениями, только 24 истинных, 6 по каждой фигуре. Остальные ложные.

Эти 24 истинных силлогизма (из которых упоминаются обычно только 19) и составляют то, что принято ассоциировать с силлогистикой Аристотеля. Их обнаружение было сердцевиной действий, приведших к созданию классической силлогистики.

Приводимые ниже латинские названия силлогизмов были придуманы Петром Испанским. Это искусственные слова. В каждом ровно три гласных буквы из состава **a**, **e**, **i**, **o**, обозначающих квантифицирующие суждения Аристотеля, показанные в (3.2). Их последовательность в латинском названии принято называть *модусом* классического силлогизма. Зная квантифицирующие суждения (3.2) и фигуру силлогизма, по этим трем буквам можно восстановить сам силлогизм.

В перечне классических силлогизмов после латинского названия силлогизма приводится его словесная форма. При сопоставлении модуса и словесной формы нужно учесть, что в посылке силлогизма порядок следования правил обратный традиционному. Поэтому гласная буква модуса, идущая в названии первой, обозначает суждение, применяемое к правилу, идущему в посылке силлогизма *вторым*. Соответственно, вторая буква модуса обозначает суждение, применяемое к правилу, идущему в посылке силлогизма первым. Третья буква модуса обозначает суждение, применяемое к правилу, которое представляет следствие силлогизма.

Звездочкой * отмечены силлогизмы, представляющие более слабый вариант другого силлогизма, имеющегося в списке по данной фигуре. Всего таких силлогизмов 5. Если их удалить, в списке останутся 19 истинных силлогизмов, они обычно и упоминаются при изложении классической силлогистики, см. (3.12) - (3.15):

Силлогизмы по 1-й фигуре $(\Delta_{a \to b} \quad \Delta_{b \to c}) \to (\Delta_{a \to c})$ (312)

Barbara (все a суть b, все b суть c) → (все a суть c)
Celarent (все a суть b, ни одно b не есть c) → (ни одно a не есть c)
Darii (некот. a суть b, все b суть c) → (некот. a суть c)
Ferio (некот. a суть b, ни одно b не есть c) → (некот. a не суть c)
Barbari* (все a суть b, все b суть c) → (некот. a суть c)
Celaront* (все a суть b, все b суть c) → (некот. a не есть c)

Силлогизмы по 2-й фигуре $(\Delta_{a \to b} \quad \Delta_{c \to b}) \to (\Delta_{a \to c})$ (313)

Cesare (все a суть b, ни одно c не есть b) → (ни одно a не есть c)
Camestres (ни одно a не есть b, все c суть b) → (ни одно a не есть c)
Festino: (некот. a суть b, ни одно c не есть b) → (некот. a не суть c)
Baroco (некот. a не суть b, все c суть b) → (некот. a не суть c)
Cesaro* (все a суть b, ни одно c не есть b) → (некот. a не суть c)
Camestrop* (ни одно a не есть b, все c суть b) → (некот. a не суть c)

Силлогизмы по 3-й фигуре $(\Delta_{b \to a} \quad \Delta_{b \to c}) \to (\Delta_{a \to c})$ (314)

Darapti (все b суть a, все b суть c) → (некот. a суть c)
Disamis (все b суть a, некот. b суть c) → (некот. a суть c)
Datisi (некот. b суть a, все b суть c) → (некот. a суть c)
Felapton (все b суть a, ни одно b не есть c) → (некот. a не суть c)
Bocardo (все b суть a, некот. b не суть c) → (некот. a не суть c)
Ferison (некот. b суть a, ни одно b не есть c) → (некот. a не суть c)

Силлогизмы по 4-й фигуре $(\Delta_{b \to a} \quad \Delta_{c \to b}) \to (\Delta_{a \to c})$ (315)

Bramalip (все b суть a, все c суть b) → (некот. a суть c)
Camenes (ни одно b не есть a, все c суть b) → (ни одно a не есть c)
Dimaris (все b суть a, некот. c суть b) → (некот. a суть c)
Fesapo (все b суть a, ни одно c не есть b) → (некот. a не суть c)
Fresison (все b суть a, ни одно c не есть b) → (некот. a не суть c)
Camenop* (все b суть a, все c суть b) → (некот. a не суть c)

Петру Испанскому принадлежит следующее латинское стихотворение. Заучивая его, европейские учащиеся школ разного уровня, в том числе университетов, запоминали названия и модусы девятнадцати основных силлогизмов и фигуру, к которой каждый модус относится. Так ученик мог без труда восстановить словесную форму силлогизма и воспользоваться ею при чтении книги или в ходе диспута:

Bárbara, Celarent, Dárii, Fério — que prioris;
Césare, Cámestres, Festino, Baróco, secundae;
Tertia **Dárapti, Disamis, Dátisi, Felaptón;**
Bocárdo, Ferisón habet, quarta insuper àddit
Bramalip, Cámenes, Dimaris, Fesápo, Frésison

В европейской культуре силлогистика активно подготавливала и сопровождала Возрождение, а затем участвовала в формировании науки Нового времени.

§ 3.12. Расширенная силлогистика

Весной 1983 года я обнаружил, что в рамках построенного к тому времени элементарного детерминационного анализа можно воссоздать расширенную силлогистику [07], выйдя за пределы трех названных выше ограничений, к которым прибег Аристотель, создавая силлогистику классическую.

Первое. Не обязательно ограничиваться частными случаями четырех силлогистических фигур (3.9). Существует способ вычислить истинность любого силлогизма общего вида (3.7) при условии (3.8).

Второе. Вычисляя истинность силлогизма общего вида (3.7), можно учитывать ограничение на объемы эйдосов a, b, c, как оно сформулировано в (3.8), не ограничиваясь частным случаем (3.11).

Третье. Рассматривая диапазоны $\Delta_{a \to b}$, $\Delta_{b \to a}$, $\Delta_{b \to c}$, $\Delta_{c \to b}$, $\Delta_{a \to c}$, $\Delta_{c \to a}$ для значений точности правил $a \to b$,

$b \to a, b \to c, c \to b, a \to c, c \to a$, можно не ограничиваться базисом $\mathcal{A}_0$, содержащим лишь такие ограничения на точность правил, которые дают квантифицирующие суждения **a, e, i, o**. Вычислить истинность произвольного силлогизма вида (3.7) можно в более общем случае, когда базис силлогистики включает *любые подотрезки единичного отрезка* σ [12].

§ 3.13. Первый пример расширенной силлогистики: система $\mathcal{L}_{\mu,\omega}$

Летом 1983 года мною был найден первый пример неклассической расширенной силлогистики. Он детально описан в работе [07], опубликованной осенью 1984 года.

Пример представляет собой двухпараметрическую систему силлогизмов $\mathcal{L}_{\mu,\omega}$. В ней сохранены силлогистические фигуры, – первое из упомянутых выше ограничений не отменено полностью. Но фигур не 4, как в классическом случае, а 8:

$$
\begin{aligned}
&\text{Фигура 1: } (\Delta_{a \to b} \quad \Delta_{b \to c}) \to (\Delta_{a \to c}) \\
&\text{Фигура 2: } (\Delta_{a \to b} \quad \Delta_{c \to b}) \to (\Delta_{a \to c}) \\
&\text{Фигура 3: } (\Delta_{b \to a} \quad \Delta_{b \to c}) \to (\Delta_{a \to c}) \\
&\text{Фигура 4: } (\Delta_{b \to a} \quad \Delta_{c \to b}) \to (\Delta_{a \to c}) \\
&\text{Фигура 5: } (\Delta_{a \to b} \quad \Delta_{b \to c}) \to (\Delta_{c \to a}) \\
&\text{Фигура 6: } (\Delta_{a \to b} \quad \Delta_{c \to b}) \to (\Delta_{c \to a}) \\
&\text{Фигура 7: } (\Delta_{b \to a} \quad \Delta_{b \to c}) \to (\Delta_{c \to a}) \\
&\text{Фигура 8: } (\Delta_{b \to a} \quad \Delta_{c \to b}) \to (\Delta_{c \to a}).
\end{aligned}
\tag{3.16}
$$

----

[12] Возможность и оправданность радикального расширения базиса $\mathcal{A}_0$ классической силлогистики ставит под сомнение достаточность языка логики, в котором средства оценки точности (полноты) правил исчерпываются квантором всеобщности ∀, квантором существования ∃ и их отрицаниями.

Тогда, в 1983 году, чтобы показать, что в принципе возможен выход за пределы высказываний **a**, **e**, **i**, **o**, я в качестве базиса принял однопараметрическое семейство отрезков

$$\mathcal{A}_\mu = \{[1 - \mu, 1], [0, \mu], [\mu, 1], [0, 1 - \mu], \sigma\} \qquad (3.17)$$

при условии, что $\Delta_a = \Delta_b = \Delta_c = [\omega, 1]$, т.е. ограничения на объемы эйдосов a, b, c, имеют вид

$$\begin{cases} \omega \leq P(a) \leq 1 \\ \omega \leq P(b) \leq 1 \\ \omega \leq P(c) \leq 1, \end{cases} \qquad (3.18)$$

Фигурирующие в (3.17) и (3.18) параметры μ, ω изменяются в пределах

$$\begin{cases} 0 < \mu < 1 \\ 0 < \omega \leq 1 \end{cases} \qquad (3.19)$$

При стремлении μ, ω к нулю следует учитывать дискретность эйдосов и наличие кванта частоты $\varepsilon = 1/n$, где n – объем гештальт-матрицы.

В естественном языке отрезкам базиса $\mathcal{A}_\mu$, см. (3.17), отличным от единичного, соответствуют квантифицирующие суждения с использованием слов *часто, редко, нередко, нечасто*.

Базис $\mathcal{A}_\mu$ расширяет базис $\mathcal{A}_0$ классической силлогистики. Условие (3.18) обобщает принятое в классической силлогистике условие (3.11). При этом базис $\mathcal{A}_\mu$ есть частный случай базиса $\mathcal{A}_\sigma$, содержащего, по определению, **все** подотрезки единичного отрезка σ, а условие (3.18) – частный случай условия (3.8), в которых должен рассматриваться феноменологический прототип любого силлогизма в общем случае.

Таким образом, был сделан первый шаг за пределы упрощений, принятых в классической силлогистике.

В системе $\mathcal{L}_{\mu,\omega}$ бесконечно много силлогизмов. Они распадаются на 512 классов. Те, в свою очередь, распадаются на две взаимно приводимых подсистемы по 256 классов. Одна содержит силлогизмы по фигурам 1, 2, 3, 4, другая образована силлогизмами по фигурам 5, 6, 7, 8.

В каждом классе бесконечно много силлогизмов, их перечисление осуществляется парами значений параметров μ, ω, изменяющихся в пределах (3.19). Далее я буду называть классы силлогизмов просто силлогизмами. Такая условность лексически удобна и, если помнить о параметризации, не вызывает недоразумений.

256 силлогизмов одной подсистемы переводятся в 256 силлогизмов другой подсистемы преобразованием симметрии, при котором сохраняется существование силлогизма и вид его истинности (нетривиальная истина, тривиальная истина, тавтология) либо ложности. Этим исследование силлогизмов свелось к изучению только одной подсистемы из 256 классов по классическим фигурам 1, 2, 3, 4.

Для всех 512 силлогизмов системы $\mathcal{L}_{\mu,\omega}$ были найдены области значений параметров μ, ω, в которых силлогизм представляет *истину* либо *ложь*.

Причем, если имеет место истина, различались случаи *нетривиальной истины*, *тривиальной истины* и *тавтологии*.

Оказалось, что, как и в классической силлогистике, большинство силлогизмов ложные. Вместе с тем обнаружились нетривиально истинные силлогизмы, не известные ранее.

При значениях параметров μ, ω, удовлетворяющих неравенствам:

$$\begin{cases} 0 < \mu < \varepsilon = 1/n \\ 0 < \omega \leq \varepsilon = 1/n \end{cases} \qquad (3.20)$$

базис $\mathcal{A}_\mu$ превращается (с учетом дискретности эйдосов) в базис $\mathcal{A}_0$ классической силлогистики. Система из 256 силлогизмов по фигурам 1, 2, 3, 4 становится системой классических силлогизмов. А истинные силлогизмы этой системы становятся классическими силлогизмами Аристотеля, перечисленными выше в (3.12), (3.13), (3.14), (3.15).

§ 3.14. Пример неклассического истинного силлогизма системы $\mathcal{L}_{\mu,\omega}$

Примером нетривиально истинного неклассического силлогизма в системе $\mathcal{L}_{\mu,\omega}$ служит, как показано в работе [07], силлогизм

$$\begin{pmatrix} a \to b & b \to c \\ [0, \mu] & [0, \mu] \end{pmatrix} \to \begin{pmatrix} a \to c \\ [\mu, 1] \end{pmatrix} \qquad (3.21)$$

который рассматривается при соблюдении условия

$$\begin{cases} \omega \leq P(a) \leq 1 \\ \omega \leq P(b) \leq 1 \\ \omega \leq P(c) \leq 1 \end{cases} \qquad (3.18)$$

В словесной форме силлогизм (3.21) выглядит так:

«Если среди a редко встречаются b, причем среди b редко встречаются c, то среди a нередко встречаются c».

Этот силлогизм ложен при классических ограничениях на объемы эйдосов.

Но он представляет собой нетривиальную истину всякий раз, когда параметры μ, ω оказываются в области

$$\frac{1}{3(1-\mu)} \leq \omega < \frac{1}{2-\mu}. \qquad (3.22)$$

Если изобразить область (3.22) в координатах μ, ω, то, как легко увидеть, при значениях μ, близких к нулю, нижняя граница ω объема эйдосов a, b, c в (3.18) превышает 1/3. При μ = 1/3 величина ω достигает 1/2. А когда μ приближается к 1/2, ω возрастает до 2/3.

Иными словами, чтобы силлогизм был истинным, эйдосы a, b, c должны иметь сравнительно большой относительный объем, не меньше, чем 1/2 ± 1/6.

Минимальная арифметическая сумма этих объемов равна 3ω. Эта величина почти всегда больше, чем принятый за единицу объем гештальт-матрицы, где находятся эйдосы. Так при μ = 1/3 этот суммарный объем равен 3ω = 1,5.

В результате эйдосам a, b, c «тесно» в гештальт-матрице, так как каждый из них занимает около половины ее объема. И если в парах a, b и b, c эйдосы пересекаются слабо, эйдосу c некуда деться, и он обязан сильно пересекаться с эйдосом a. Именно это обстоятельство при соблюдении посылки силлогизма (3.21) приводит к тому, что точность правила $a \rightarrow c$, составляющего следствие силлогизма (3.21), не ниже μ и может достигать 1.

Вот пример ситуации, когда силлогизм (3.21) может быть применим. Пусть в клубе профессиональных политиков действуют такие правила:

a) Политики собираются в клубе в сопровождении жен (мужей).
b) В клубе принято подавать коньяк.

Тогда для посетителей клуба справедлив силлогизм (3.21):

Если среди любителей коньяка редко встречаются женщины, а среди женщин редко встречаются профессиональные политики, то среди любителей коньяка нередко встречаются профессиональные политики.

Гарантируя выполнение требований (3.22), правила клуба гарантируют безусловную истинность силлогизма (3.21) о женщинах, коньяке и политиках.

В классике такой силлогизм ложен. В качестве истинного он возникает лишь только если выйти за пределы квантифицирующих суждений Аристотеля и принять более жесткие ограничения на объемы эйдосов, чем приняты в классической силлогистике.

§ 3.15. Элементарный способ найти область истинности

Область истинности (3.22), как и области истинности всех прочих силлогизмов системы $\mathcal{L}_{\mu,\omega}$, была получена аналитически. Систематический метод вычислений дан в работе [07]. Его идея подробно изложена ниже. Вообще говоря, метод не элементарен. Но понять, как возникает область (3.22), можно и на основе элементарных соображений.

Прямоугольники (см. рисунок 3.1) изображают объем n гештальт-матрицы $U_{3,n}$, нормированный на единицу. Эйлер, иллюстрируя взаимодействие эйдосов, рисовал круги. Здесь вместо кругов овалы. Но принцип тот же. Поэтому в названии рисунка использовано словосочетание «овалы Эйлера».

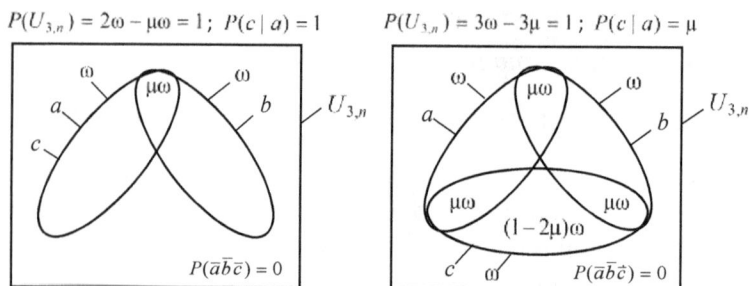

Рис. 3.1. Овалы Эйлера для эйдосов a, b, c взаимодействующих в гештальт-матрице $U_{3,n}$ при условии (3.18).
Слева: точность правила $a \to c$ наибольшая, $P(c|a) = 1$.
Справа: точность правила $a \to c$ наименьшая, $P(c|a) = \mu$.

Представим, что эйдосы a, b, c *полностью заполняют весь объем гештальт-матрицы* $U_{3,n}$, так что $P(\overline{a}\,\overline{b}\,\overline{c}) = 0$.

При этом граница объема гештальт-матрицы $U_{3,n}$ перестает быть прямоугольником, она становится криволинейной, огибая объединение эйдосов a, b, c.

На рисунке 3.1 показана геометрия взаимодействия эйдосов a, b, c в двух предельных случаях, когда при соблюдении посылок силлогизма (3.21) точность $P(c|a)$ правила $a \rightarrow c$ равна 1 (левый прямоугольник) и μ (правый прямоугольник).

В первом случае геометрия размещения эйдосов в гештальт-матрице приводит к уравнению

$$\omega(2 - \mu) = 1, \qquad (3.23)$$

откуда получаем верхнюю границу ω в (3.22).

Во втором случае геометрия другая, она приводит к уравнению

$$\omega(2 - \mu) + \omega(1 - 2\mu) = 1, \qquad (3.24)$$

которое дает нижнюю границу ω в (3.22).

§ 3.16. Подробнее о взаимодействии трех эйдосов

Чтобы понять, как именно в рамках детерминационной силлогистики строится вычислительный процесс доказательства истинности любого логического закона, установленного или гипотетического, рассмотрим подробнее взаимодействие трех эйдосов a, b, c в гештальт-матрице.

Без ограничения общности любая гештальт-матрица, где взаимодействуют эйдосы a, b, c имеет вид матрицы $U_{3,n}$ размерности $m = 1$ и объема $n \geq 1$:

g	x_1	x_2	x_3	$u_{3,n}$	n
g_1	a	b	c	$U_{3,n}$	1
g_2	a	b	c	$U_{3,n}$	1
$\vdots$	$\vdots$	$\vdots$	$\vdots$	$\vdots$	$\vdots$
g_n	a	b	$\overline{c}$	$U_{3,n}$	1

(3.25)

Редуцируем объекты $g_1, g_2, \ldots, g_n$ по локальному ключу g. Получим матрицу (3.26) (обозначим ее $U^*_{3,n}$) с новым локальным ключом g^* и новым генеральным ключом $u^*_{3,n}$ (3.26).

g^*	x_1	x_2	x_3	$u^*_{3,n}$	n
abc	a	b	c	$U^*_{3,n}$	n_1
$a\overline{b}c$	a	$\overline{b}$	c	$U^*_{3,n}$	n_2
$ab\overline{c}$	a	b	$\overline{c}$	$U^*_{3,n}$	n_3
$a\overline{b}\overline{c}$	a	$\overline{b}$	$\overline{c}$	$U^*_{3,n}$	n_4
$\overline{a}bc$	$\overline{a}$	b	c	$U^*_{3,n}$	n_5
$\overline{a}\overline{b}c$	$\overline{a}$	$\overline{b}$	c	$U^*_{3,n}$	n_6
$\overline{a}b\overline{c}$	$\overline{a}$	b	$\overline{c}$	$U^*_{3,n}$	n_7
$\overline{a}\overline{b}\overline{c}$	$\overline{a}$	$\overline{b}$	$\overline{c}$	$U^*_{3,n}$	n_8

(3.26)

Восемь чисел n_k, $k = 1, 2, \ldots, 8$ в крайнем правом столбце этой гештальт-матрицы дают максимально детальное описание взаимодействия эйдосов a, b, c в гештальт-матрице $U_{3,n}$. Взаимодействуя, эйдосы как бы «проникают» друг в друга. Числа n_k показывают, как именно это происходит. Один из способов сделать это более наглядным демонстрирует следующая легко читаемая таблица (3.27).

x_1					
a	n_1	n_2	n_3	n_4	
$\overline{a}$	n_5	n_6	n_7	n_8	
	b	$\overline{b}$	b	$\overline{b}$	x_2
	c		$\overline{c}$		x_3

$$(3.27)$$

Еще более наглядный образ взаимного «проникновения» эйдосов a, b, c дают круги Эйлера на рисунке 3.2:

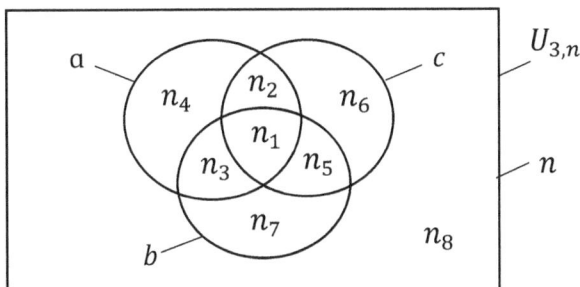

Рис. 3.2. Круги Эйлера для эйдосов a, b, c
взаимодействующих в гештальт-матрице $U_{3,n}$

Числа n_i, $i = 1,2,\ldots,8$ неотрицательны, их сумма равна объему n гештальт-матрицы $U_{3,n}$ (3.25):

$$\begin{cases} n_1 + n_2 + n_3 + n_4 + n_5 + n_6 + n_7 + n_8 = n \\ n_i \geq 0, i = 1,2,\ldots,8 \end{cases}. \quad (3.28)$$

§ 3.17. Локальный универсум взаимодействия трех эйдосов

Поставим вопрос: сколько существует различных вариантов гештальт-матрицы $U^*_{3,n}$ при фиксированном объеме n? Ответ может показаться очевидным:

$$\frac{(n+7)!}{n! \cdot 7!}. \quad (3.29)$$

Именно столько имеется разложений (3.28) целого числа n в восьмерку неотрицательных целых чисел.

127

Но такой ответ не согласуется с требованием, чтобы эйдосы a, b, c существовали де-факто. Если это требование понимать, как его определил Аристотель, необходимо, чтобы объем каждого эйдоса a, b, c был не меньше единицы (в абсолютном выражении). Это приводит к чуть более сложной задаче: найти число разложений (3.28) при условии, что абсолютный объем каждого из эйдосов $n(a), n(b), n(c)$, будучи неотрицательным, был не меньше единицы. Это число равно числу решений системы уравнений (3.28) с добавлением трех нестрогих неравенств:

$$\begin{cases} n_1 + n_2 + n_3 + n_4 + n_5 + n_6 + n_7 + n_8 = n \\ n(a) = n_1 + n_2 + n_3 + n_4 \geq 1 \\ n(b) = n_1 + n_3 + n_5 + n_7 \geq 1 \\ n(c) = n_1 + n_2 + n_5 + n_6 \geq 1 \\ n_i \geq 0, i = 1, 2, \ldots, 8 \end{cases} \qquad (3.30)$$

Искомое число, обозначим его N_n, подсчитать чуть сложнее, чем число (3.29). Его можно найти, например, используя метод простых многогранников, предложенный в работе [01]. Результат такой (3.31):

$$N_n = \frac{n}{5040}(n^6 + 28n^5 + 322n^4 + 1960n^3 + 4249n^2 - 1988n + 468) \quad (3.31)$$

С ростом n количество всех мыслимых гештальт-матриц вида $U^*_{3,n}$, (3.26), полученных эйдетической редукцией из гештальт-матрицы типа $U_{3,n}$, растет как седьмая степень объема n.

Формула (3.29) тоже представляет полином седьмой степени.

Но при $n = 1$ формула (3.29) дает число 8: если не требовать существования эйдосов a, b, c, единицей может быть любое из восьми чисел в разложении (3.28).

А формула (3.31) в том же случае дает число 1, потому что при $n = 1$ лишь одно из восьми чисел n_k, $k = 1, 2, \ldots, 8$, будучи отличным от нуля при равных нулю остальных, гарантирует существование всех трех эйдосов a, b, c, это число n_1 (см. таблицу (3.27) и рисунок 3.2).

Введем в рассмотрение совокупность $s_1, s_2, s_3, \ldots, s_{N_n}$ всех решений системы (3.30):

$$\widehat{\mathbf{U}}_{3,N_n} = \{s_1, s_2, s_3, \ldots, s_{N_n}\} \qquad (3.32)$$

Совокупность $\widehat{\mathbf{U}}_{3,N_n}$ полностью определяется системой неравенств (3.30). Условимся обозначать это обстоятельство равенством

$$\widehat{\mathbf{U}}_{3,N_n} = \begin{cases} n_1 + n_2 + n_3 + n_4 + n_5 + n_6 + n_7 + n_8 = n \\ n(a) = n_1 + n_2 + n_3 + n_4 \geq 1 \\ n(b) = n_1 + n_3 + n_5 + n_7 \geq 1 \\ n(c) = n_1 + n_2 + n_5 + n_6 \geq 1 \\ n_i \geq 0, i = 1, 2, \ldots, 8 \end{cases} \qquad (3.33)$$

Зрительно совокупность $\widehat{\mathbf{U}}_{3,N_n}$ можно представлять как множество всех таблиц вида (3.27) при условии, что объем n фиксирован, а суммы неотрицательных чисел n_k, образующие объемы эйдосов a, b, c отличны от нуля.

Другой образ совокупности $\widehat{\mathbf{U}}_{3,N_n}$ – множество всех возможных вариантов рисунка 3.2 при условии, что во всех вариантах площадь прямоугольника останется постоянной, а круги Эйлера могут в пределах этого прямоугольника иметь любую площадь, отличную от нуля, и могут пересекаться (или не пересекаться) всеми мыслимыми способами.

Совокупность $\widehat{\mathbf{U}}_{3,N_n}$, объем которой N_n дается формулой (3.31), образует *локальный универсум взаимодействия эйдосов a, b, c в произвольных гештальт-матрицах объема n*.

Эпитет *локальный* обусловлен тем, что объем n предполагается фиксированным.

Самый широкий, *глобальный* универсум представляет собой объединение всех локальных универсумов U_{3,N_n} со всеми значениями n от 1 до w, когда w может быть произвольно большим, в пределе бесконечным.

Но отложим пока разговор о глобальном универсуме. Рассмотрим детальнее, как соотносятся между собой локальный универсум $\hat{U}_{3,N_n}$ и силлогизм общего вида (3.7) при выполнении условия (3.8) (см. § 3.05).

§ 3.18. Феноменология отношений между силлогизмом и его локальным универсумом

Запишем феноменологический прототип (3.7) силлогизма общего вида в виде метаправила $\mathbf{A} \rightarrow \mathbf{B}$ в контексте $\mathbf{C}$:

$$\mathbf{AC} \rightarrow \mathbf{BC}, \tag{3.34}$$

где $\mathbf{A}$ – посылка, $\mathbf{B}$ – следствие силлогизма (3.7); $\mathbf{C}$ – условие (3.8), играющее роль контекста, причем

$$\mathbf{A} = \begin{pmatrix} \Delta_{a \rightarrow b} & \Delta_{b \rightarrow c} \\ \Delta_{b \rightarrow a} & \Delta_{c \rightarrow b} \end{pmatrix}, \mathbf{B} = \begin{pmatrix} \Delta_{a \rightarrow c} \\ \Delta_{c \rightarrow a} \end{pmatrix}, \mathbf{C} = (\Delta_a, \Delta_b, \Delta_c). \tag{3.35}$$

Посылка $\mathbf{A}$ полностью определяется точностью каждого из четырёх правил $a \rightarrow b, b \rightarrow a, b \rightarrow c, c \rightarrow b$.

Следствие $\mathbf{B}$ полностью определяется точностью двух правил $a \rightarrow c, c \rightarrow a$.

Контекст $\mathbf{C}$ полностью определяется тремя целыми числами a, b, c.

Введём в рассмотрение неотрицательные числа ω_α, θ_α, задающие в (3.35) нижнюю и верхнюю границы любого из 9 отрезков, так что $\omega_\alpha \le \theta_\alpha$. Индекс α принимает вид правил либо эйдосов, фигурирующих (3.35) в виде индексов. Тогда все 9 диапазонов типа Δ в (3.35) можно, очевидно, изобразить в явном виде, а именно:

$$\mathbf{A} = \begin{pmatrix} [\omega_{a \to b}, \theta_{a \to b}] & [\omega_{b \to c}, \theta_{b \to c}] \\ [\omega_{b \to a}, \theta_{b \to a}] & [\omega_{c \to b}, \theta_{c \to b}] \end{pmatrix};$$

$$\mathbf{B} = \begin{pmatrix} [\omega_{a \to c}, \theta_{a \to c}] \\ [\omega_{c \to a}, \theta_{c \to a}] \end{pmatrix}; \qquad (3.36)$$

$$\mathbf{C} = ([\omega_a, \theta_a], [\omega_b, \theta_b], [\omega_c, \theta_c]).$$

Эти диапазоны суть точные границы, ими ограничены:

— *во-первых*, условные вероятности (условные частоты) $P_n(b|a)$, $P_n(a|b)$, $P_n(c|b)$, $P_n(b|c)$, формирующие посылку **A**;

— *во-вторых*, условные вероятности (условные частоты), $P_n(c|a)$, $P_n(a|c)$, формирующие следствие **B**;

— *в-третьих*, безусловные вероятности (безусловные частоты), относительные объемы эйдосов a, b, c, представляющие собой контекст **C** силлогизма (3.34).

В явном виде эти границы выглядят так:

$$\mathbf{A} = \begin{pmatrix} \omega_{a \to b} \le P_n(b|a) \le \theta_{a \to b}; & \omega_{b \to c} \le P_n(c|b) \le \theta_{a \to c} \\ \omega_{b \to a} \le P_n(a|b) \le \theta_{b \to a}; & \omega_{c \to b} \le P_n(b|c) \le \theta_{c \to b} \end{pmatrix}; \qquad (3.37)$$

$$\mathbf{B} = \begin{pmatrix} \omega_{a \to c} \le P_n(c|a) \le \theta_{a \to c} \\ \omega_{c \to a} \le P_n(a|c) \le \theta_{c \to a} \end{pmatrix}; \qquad (3.38)$$

$$\mathbf{C} = (\omega_a \le P_n(a) \le \theta_a; \; \omega_b \le P_n(b) \le \theta_b; \; \omega_c \le P_n(c) \le \theta_c). \qquad (3.39)$$

Для наглядности запишем эти условия в виде трех систем (3.40), (3.41), (3.42) двойных неравенств, следующих одно под другим:

$$\mathbf{A} = \begin{cases} \omega_{a \to b} \le P_n(b|a) \le \theta_{a \to b} \\ \omega_{b \to a} \le P_n(a|b) \le \theta_{b \to a} \\ \omega_{b \to c} \le P_n(c|b) \le \theta_{b \to c} \\ \omega_{c \to b} \le P_n(b|c) \le \theta_{c \to b} \end{cases} \qquad (3.40)$$

$$\mathbf{B} = \begin{cases} \omega_{a \to c} \le P_n(c|a) \le \theta_{a \to c} \\ \omega_{c \to a} \le P_n(a|c) \le \theta_{c \to a} \end{cases} \qquad (3.41)$$

$$\mathbf{C} = \begin{cases} \omega_a \le P_n(a) \le \theta_a \\ \omega_b \le P_n(b) \le \theta_b \\ \omega_c \le P_n(c) \le \theta_c \end{cases} \qquad (3.42)$$

Обратим внимание: все величины точности правил и относительные объемы эйдосов в системах неравенств (3.40), (3.41), (3.42) выражаются через числа n_k, $k = 1, 2, …, 8$, образующие любое возможное решение системы (3.30). Как именно они выражаются, приведено ниже. Чем это объяснить, видно из таблицы (3.27) и рисунка 3.2 под ней.

Точность правил $a \to b$, $b \to a$, $b \to c$, $c \to b$, формирующих посылку **A**:

$$\mathbf{A} = \begin{cases} P_n(b|a) = n(ab)/n(a) = (n_1 + n_3)/(n_1 + n_2 + n_3 + n_4) \\ P_n(a|b) = n(ab)/n(b) = (n_1 + n_3)/(n_1 + n_3 + n_5 + n_7) \\ P_n(c|b) = n(bc)/n(b) = (n_1 + n_5)/(n_1 + n_3 + n_5 + n_7) \\ P_n(b|c) = n(bc)/n(c) = (n_1 + n_5)/(n_1 + n_2 + n_5 + n_6) \end{cases} \quad (3.43)$$

Точность правил $a \to c$, $c \to a$, формирующих следствие **B**:

$$\mathbf{B} = \begin{cases} P_n(c|a) = n(ac)/n(a) = (n_1 + n_2)/(n_1 + n_2 + n_3 + n_4) \\ P_n(a|c) = n(ac)/n(c) = (n_1 + n_2)/(n_1 + n_2 + n_5 + n_6) \end{cases} \quad (3.44)$$

Относительные объемы эйдосов, формирующие контекст **C**:

$$\mathbf{C} = \begin{cases} P_n(a) = n(a)/n = (n_1 + n_2 + n_3 + n_4)/n \\ P_n(b) = n(b)/n = (n_1 + n_3 + n_5 + n_7)/n \\ P_n(c) = n(c)/n = (n_1 + n_2 + n_5 + n_6)/n \end{cases} \quad (3.45)$$

Выполнение системы неравенств (3.30), заметим, гарантирует, что все знаменатели в соотношениях (3.43), (3.44), (3.45) больше нуля.

Теперь все готово, чтобы точно выяснить, каково взаимоотношение между локальным универсумом

$$\widehat{\mathbf{U}}_{3,N_n} = \{s_1, s_2, s_3, …, s_{N_n}\}, \quad (3.32)$$

состоящим из гештальт-матриц s_i объема n, где реализуются все мыслимые виды взаимодействия трех эйдосов a, b, c, и силлогизмом

$$\mathbf{AC} \to \mathbf{BC}. \quad (3.34)$$

Искомое взаимоотношение описывают восемь следующих предложений. По сути, это восемь констатаций:

1. Любой силлогизм $\mathbf{AC} \to \mathbf{BC}$ полностью задан, если заданы 9 пар чисел $[\omega_\alpha, \theta_\alpha]$, определяющих посылку $\mathbf{A}$ (3.40), следствие $\mathbf{B}$ (3.41) и контекст $\mathbf{C}$ (3.42). Будем считать, что это конкретные числа, и все они известны.

2. Произвольный элемент $s_i \equiv s_i(n)$, $i = 1, 2, \ldots, N_n$ локального универсума $\widehat{\mathbf{U}}_{3, N_n}$ представлен конкретным набором чисел $n^{(i)}{}_1, n^{(i)}{}_2, \ldots, n^{(i)}{}_8$, который представляет собой одно из решений системы (3.30).

3. Посылка $\mathbf{A}$, следствие $\mathbf{B}$ и контекст $\mathbf{C}$, образующие силлогизм $\mathbf{AC} \to \mathbf{BC}$, суть свойства, которыми обладает либо не обладает элемент $s_i \equiv s_i(n)$,.

4. Существует конструктивная процедура идентификации, позволяющая для произвольного $s_i \equiv s_i(n)$, точно установить, выполняются или нет *для этого элемента* посылка $\mathbf{A}$, следствие $\mathbf{B}$, и контекст $\mathbf{C}$. Процедура имеет следующий вид.

5. Подставив числа $n^{(i)}{}_1, n^{(i)}{}_2, \ldots, n^{(i)}{}_8$ в формулы (3.43), (3.44), (3.45) и проведя элементарные арифметические операции, получим величины $P_n^{(i)}(b \,|\, a)$, $P_n^{(i)}(a \,|\, b)$, $P_n^{(i)}(c \,|\, b)$, $P_n^{(i)}(b \,|\, c)$, $P_n^{(i)}(c \,|\, a)$, $P_n^{(i)}(a \,|\, c)$, $P_n^{(i)}(a)$, $P_n^{(i)}(b)$, $P_n^{(i)}(c)$, которые реализуются для данного элемента $s_i \equiv s_i(n)$.

6. Идентификация посылки $\mathbf{A}$, либо $\overline{\mathbf{A}}$. Если величины $P_n^{(i)}(b \,|\, a)$, $P_n^{(i)}(a \,|\, b)$, $P_n^{(i)}(c \,|\, b)$, $P_n^{(i)}(b \,|\, c)$ совместно удовлетворяют двойным неравенствам (3.40), то для данного $s_i \equiv s_i(n)$ имеет место $\mathbf{A}$, в противном случае $\overline{\mathbf{A}}$.

7. Идентификация следствия $\mathbf{B}$ либо $\overline{\mathbf{B}}$. Если величины $P_n^{(i)}(c \,|\, a)$, $P_n^{(i)}(a \,|\, c)$ совместно удовлетворяют двойным неравенствам (3.41), то для данного $s_i \equiv s_i(n)$ имеет место $\mathbf{B}$, в противном случае $\overline{\mathbf{B}}$.

8. Идентификация контекста $\mathbf{C}$ либо $\overline{\mathbf{C}}$. Если величины $P_n^{(i)}(a)$, $P_n^{(i)}(b)$, $P_n^{(i)}(c)$ совместно удовлетворяют двойным неравенствам (3.42), то для данного $s_i \equiv s_i(n)$ имеет место $\mathbf{C}$, в противном случае $\overline{\mathbf{C}}$.

§ 3.19. Что такое метаматрица (вторичная гештальт-матрица)

Указанные выше констатации означают, что локальный универсум $\widehat{U}_{3,N_n}$ есть гештальт-матрица следующего вида:

s	v_1	v_2	v_3	u_{3,N_n}	N_n
s_1	$\mathbf{A}$	$\mathbf{B}$	$\mathbf{C}$	$\widehat{\mathbf{U}}_{3,N_n}$	1
s_2	$\mathbf{A}$	$\overline{\mathbf{B}}$	$\overline{\mathbf{C}}$	$\widehat{\mathbf{U}}_{3,N_n}$	1
s_3	$\overline{\mathbf{A}}$	$\mathbf{B}$	$\mathbf{C}$	$\widehat{\mathbf{U}}_{3,N_n}$	1
$\vdots$	$\vdots$	$\vdots$	$\vdots$	$\vdots$	$\vdots$
s_{N_n}	$\overline{\mathbf{A}}$	$\overline{\mathbf{B}}$	$\overline{\mathbf{C}}$	$\widehat{\mathbf{U}}_{3,N_n}$	1

$$(3.46)$$

Объекты $s_1, s_2, s_3, \ldots, s_{N_n}$ этой гештальт-матрицы суть решения системы ограничений вида (3.30). Ее объем равен числу N_n, которое дается формулой (3.31).

Произвольная строка $s_i \equiv s_i(n)$ гештальт-матрицы $\widehat{U}_{3,N_n}$ есть гештальт-матрица вида $U^*_{3,n}$, (3.26). Иными словами, гештальт-матрица (3.46) есть «матрица матриц», «гештальт-матрица над гештальт-матрицами». По этой причине ее естественно назвать *метаматрицей*.

В отличие от *первичных* гештальт-матриц $U_{3,n}$ и $U^*_{3,n}$, образующих план актуального бытия в сознании, метаматрица $\widehat{U}_{3,N_n}$ это *вторичная* гештальт-матрица. Ее объектами (строками) служат первичные гештальт-матрицы $U^*_{3,n}$, каждой из которых соответствует набор «первичных» гештальт-матриц $U_{3,n}$, одинаковых в том смысле, что эйдетическая редукция любой из них дает одну и ту же гештальт-матрицу $U^*_{3,n}$.

§ 3.20. Истинность в локальном универсуме

Метаматрица (3.46) обладает замечательной особенностью, показывающей, что собой представляет логическая истина с точки зрения феноменологии диалогов. Особенность следующая.

Точность $\mathbf{P}_{N_n}(\mathbf{BC}|\mathbf{AC})$ правила $\mathbf{AC} \to \mathbf{BC}$ в локальном универсуме $\hat{\mathbf{U}}_{3,N_n}$ (3.46), есть мера истинности силлогизма $\mathbf{AC} \to \mathbf{BC}$ в этом универсуме.

Символ $\mathbf{P}_{N_n}$ (вместо P_n) подчеркивает, что речь идет о вычислениях в метаматрице $\hat{\mathbf{U}}_{3,N_n}$.

Об истинности в локальном универсуме $\hat{\mathbf{U}}_{3,N_n}$ будем говорить как о *локальной* истинности, отличая эту истинность от истины *глобальной*, характеризующей глобальный универсум как объединение всех мыслимых локальных универсумов. Об отыскании глобальной истинности сказано ниже.

Интерпретация значений локальной истинности следующая.

<u>Абсолютная истина</u>. Пусть $\mathbf{P}_{N_n}(\mathbf{BC}|\mathbf{AC}) = 1$. Это значит, что доля $1 - \mathbf{P}_{N_n}(\mathbf{BC}|\mathbf{AC})$ примеров, которые могли бы опровергнуть силлогизм в локальном универсуме $\hat{\mathbf{U}}_{3,N_n}$, равна нулю. Будем говорить, что в этом случае силлогизм $\mathbf{AC} \to \mathbf{BC}$ в локальном универсуме $\hat{\mathbf{U}}_{3,N_n}$ *абсолютно истинный*.

<u>Ложь</u>. Пусть $\mathbf{P}_{N_n}(\mathbf{BC}|\mathbf{AC}) < 1$. Это значит, что в универсуме $\hat{\mathbf{U}}_{3,N_n}$ есть минимум один пример, опровергающий справедливость этого силлогизма. Будем говорить, что в этом случае силлогизм $\mathbf{AC} \to \mathbf{BC}$ в $\hat{\mathbf{U}}_{3,N_n}$ *ложный*. Доля $1 - \mathbf{P}_{N_n}(\mathbf{BC}|\mathbf{AC})$ примеров, которые опровергают силлогизм $\mathbf{AC} \to \mathbf{BC}$ в локальном универсуме $\hat{\mathbf{U}}_{3,N_n}$, больше нуля.

<u>Абсолютная ложь</u>. Пусть $\mathbf{P}_{N_n}(\mathbf{BC}|\mathbf{AC}) = 0$. Это значит, что доля $1 - \mathbf{P}_{N_n}(\mathbf{BC}|\mathbf{AC})$ примеров, опровергающих силлогизм $\mathbf{AC} \to \mathbf{BC}$ в локальном универсуме $\hat{\mathbf{U}}_{3,N_n}$, равна единице. Все примеры опровергающие. Нет ни одного

случая, когда силлогизм **AC** → **BC** выполняется. Будем говорить, что в этом случае силлогизм **AC** → **BC** в локальном универсуме $\hat{U}_{3,N_n}$ *абсолютно ложный*.

§ 3.21. Истинность в глобальном универсуме

Существует в принципе бесконечный ряд локальных универсумов $\hat{U}_{3,N_n}$ всех мыслимых объемов $n = 1, 2, \ldots, w, \ldots$.

Их объединение есть, по определению, глобальный универсум $\Re_{3,\infty}$ произвольного силлогизма **AC** → **BC**:

$$\Re_{3,\infty} = \lim_{w \to \infty} \bigcup_{n=1}^{w} \hat{U}_{3,N_n} \equiv \lim_{w \to \infty} \Re_{3,w} \quad (3.47)$$

С практической точки зрения глобальный универсум $\Re_{3,\infty}$ это метаматрица, объединяющая все метаматрицы $\hat{U}_{3,N_n}$ при n, изменяющемся от 1 до ∞[13].

Если известна истинность $P_{N_n}(\mathbf{BC}|\mathbf{AC})$ силлогизма **AC** → **BC** в любом локальном универсуме $\hat{U}_{3,N_n}$ (при любом n), вычислить истинность этого силлогизма в глобальном универсуме – вопрос техники. Нужно вычислить точность $\hat{P}_{N_w}(\mathbf{BC}|\mathbf{AC})$ в кумулятивном универсуме

$$\Re_{3,w} = \bigcup_{n=1}^{w} \hat{U}_{3,n} \quad (3.48)$$

и затем найти предел $\hat{P}_{\infty}(\mathbf{BC}|\mathbf{AC})$ величины $\hat{P}_{N_w}(\mathbf{BC}|\mathbf{AC})$ при $w \to \infty$:

$$\hat{P}_{\infty}(\mathbf{BC}|\mathbf{AC}) = \lim_{w \to \infty} \hat{P}_{N_w}(\mathbf{BC}|\mathbf{AC}) \quad (3.49)$$

Мощь логических законов объясняется тем, что они справедливы в глобальных универсумах, образованных последовательностями локальных универсумов.

---

[13] В некоторых специальных случаях минимальное значение n может превышать единицу.

§ 3.22. Традиционная концепция истины и лжи

В действующей логической парадигме преобладают логические построения, когда рассматриваются лишь два варианта истинности того или иного закона, символизируемые чаще всего числами 1 и 0. Число 1 обозначает истину, число 0 – ложь. Логика, где существует только две указанные возможности, по определению называется *двузначной*.

Существуют логические построения, где истинность характеризуется более чем двумя значениями. Эти построения развивают многозначную логику. Истоки современных отправных идей, ведущих к многозначной логике, дал Герман Вейль (Weyl Hermann, 1885-1955) в статье «Призрак модальности» [66], опубликованной в 1940 году в сборнике философских эссе. И статья, и сборник в целом посвящены памяти Эдмунда Гуссерля, со дня смерти которого прошло на тот момент два года (Гуссерль умер в 1938 году 27 апреля).

Способы построения многозначной логики, о которых говорит Вейль в этом обзоре, объединяет общее начало: дополнительные значения истинности вводятся априори. Так, в частности, действовал один из родоначальников современных теорий многозначной логики Ян Лукасевич (Łukasiewicz Jan, 1878–1956). Вейль приводит круг идей, на которые опирался Лукасевич, послуживших позднее отправной точкой для так называемой «теории нечетких множеств» и «нечеткой логики».

Характерно, что в построениях, обзор которых дает Вейль, истина и ложь, а также промежуточные значения истинности не связаны с феноменологией диалогов. В конце статьи Вейль специально обращает на это внимание читателя.

Эта связь отчетливо выражена в детерминационной логике. Именно феноменология диалогов обеспечивает здесь возможность не только указать универсум того или иного логического закона, но и вычислить долю подтверждающих этот закон случаев, откуда и возникает многозначный спектр значений истинности.

§ 3.23. Сопоставление феноменологической и традиционной концепций логической истины

Концепция истины и лжи, основанная на феноменологии диалогов, с самого начала предполагает, что истинность в глобальном универсуме (в рассматриваемом нами случае – величина $\widehat{\mathbf{P}}_\infty(\mathbf{BC}|\mathbf{AC})$) многозначна и может принимать любые значения от 0 до 1.

Значение истинности, равное 1, как и в классике, означает истину, когда доля опровергающих примеров в глобальном универсуме равна нулю. Но то, что в классике обозначается числом 0, не соответствует тому, что в детерминационной логике обозначается тем же числом 0.

В классике *ложь* и *абсолютная ложь* не различаются, их обозначают одним и тем же числом 0. Это обусловлено тем, что в классике никогда не ставилась задача вычислить долю подтверждающих, или, напротив, опровергающих примеров в глобальном универсуме. Поэтому логическое высказывание в классике квалифицируется как ложь независимо от доли опровергающих примеров, лишь бы эта доля была отлична от нуля.

В детерминационной логике доля опровергающих примеров в глобальном универсуме *вычисляется*. И если эта доля равна 1, все примеры суть примеры опровергающие (случай $\widehat{\mathbf{P}}_\infty(\mathbf{BC}|\mathbf{AC}) = 0$). Тогда имеет место *абсолютная ложь.* Все прочие случаи лжи имеют место при значениях $\hat{P}_\infty(BC|AC)$, отличных от нуля и единицы.

Таким образом, детерминационная логика в общем случае *многозначная.* Случай *двузначной* логики рассматривается здесь не как оппозиция между истинностью, равной 1 и истинностью, равной 0, а между истинностью равной 1, и истинностью меньшей, чем 1.

§ 3.24. Вычислимость логической истинности

Выше отмечено: если истинность $P_{N_n}(BC|AC)$ в локальном универсуме $\hat{U}_{3,N_n}$ при любом n известна, вычислить истинность $\hat{P}_\infty(BC|AC)$ в глобальном универсуме $\mathfrak{R}_{3,\infty}$ несложно.

Центральная проблема, таким образом, заключена в вопросе: как вычислить локальную истинность $P_{N_n}(BC|AC)$ силлогизма $AC \to BC$ в метаматрице локального универсума $\hat{U}_{3,N_n}$ *при любом заданном n?* Прежде всего, возможно ли это в принципе?

Ответ – да. Причем сделать это можно, опираясь только на способ возникновения метаматрицы, *без каких бы то ни было дополнительных предположений.*

Замечу, что к правилу вида $AC \to BC$ в определенной метаматрице сводится *любой* логический закон. То есть, вычислимость истинности $P_{N_n}(BC|AC)$ обеспечена для любого логического закона и соответствующей ему метаматрицы.

Посмотрим теперь, как конкретно ставится проблема вычисления истинности $P_{N_n}(BC|AC)$ в метаматрице локального универсума $\hat{U}_{3,N_n}$, когда правило $AC \to BC$ и метаматрица представляют обобщенный силлогизм (3.7) при условии (3.8).

§ 3.25. Конкретизация вычислительной проблемы, шаг 1

Чтобы конкретизировать вычислительную проблему, придадим первым делом конкретность вычисляемой величине.

Итак, требуется вычислить величину $P_{N_n}(\mathbf{BC}|\mathbf{AC})$ в метаматрице локального универсума $\hat{\mathbf{U}}_{3,N_n}$, (3.46), построенной с учетом того, что правило $\mathbf{AC} \to \mathbf{BC}$ есть обобщенный силлогизм (3.7) при условии (3.8).

Проведем эйдетическую редукцию метаматрицы $\hat{\mathbf{U}}_{3,N_n}$: редуцируем объекты $s_1, s_2, s_3, \dots s_{N_n}$ по локальному ключу s. Получим гештальт-матрицу (3.50), обозначим ее $\hat{\mathbf{U}}^*_{3,N_n}$, с новым локальным ключом s^* и новым генеральным ключом u^*_{3,N_n}:

s^*	v_1	v_2	v_3	u^*_{3,N_n}	N_n
$\mathbf{ABC}$	$\mathbf{A}$	$\mathbf{B}$	$\mathbf{C}$	$\hat{\mathbf{U}}^*_{3,N_n}$	$N_{1,n}$
$A\overline{B}C$	$\mathbf{A}$	$\overline{B}$	$\mathbf{C}$	$\hat{\mathbf{U}}^*_{3,N_n}$	$N_{2,n}$
$AB\overline{C}$	$\mathbf{A}$	$\mathbf{B}$	$\overline{C}$	$\hat{\mathbf{U}}^*_{3,N_n}$	$N_{3,n}$
$A\overline{B}\overline{C}$	$\mathbf{A}$	$\overline{B}$	$\overline{C}$	$\hat{\mathbf{U}}^*_{3,N_n}$	$N_{4,n}$
$\overline{A}BC$	$\overline{A}$	$\mathbf{B}$	$\mathbf{C}$	$\hat{\mathbf{U}}^*_{3,N_n}$	$N_{5,n}$
$\overline{A}\overline{B}C$	$\overline{A}$	$\overline{B}$	$\mathbf{C}$	$\hat{\mathbf{U}}^*_{3,N_n}$	$N_{6,n}$
$\overline{A}B\overline{C}$	$\overline{A}$	$\mathbf{B}$	$\overline{C}$	$\hat{\mathbf{U}}^*_{3,N_n}$	$N_{7,n}$
$\overline{A}\overline{B}\overline{C}$	$\overline{A}$	$\overline{B}$	$\overline{C}$	$\hat{\mathbf{U}}^*_{3,N_n}$	$N_{8,n}$

$$(3.50)$$

Взаимодействие эйдосов $\mathbf{A}$, $\mathbf{B}$, $\mathbf{C}$ в локальном универсуме (метаматрице) $\hat{\mathbf{U}}_{3,N_n}$, (3.46), определяется числами $N_{1,n}, N_{2,n}, \dots, N_{8,n}$ в крайнем правом столбце матрицы (3.50). Их сумма равна N_n:

$$N_{1,n} + N_{2,n} + N_{3,n} + N_{4,n} + N_{5,n} + N_{6,n} + N_{7,n} + N_{8,n} = N_n. \quad (3.51)$$

Более наглядное представление о роли этих чисел во взаимодействии эйдосов дает таблица (3.52).

$$
\begin{array}{c}
v_1 \\
\begin{array}{|c|c|c|c|c|}
\hline
\mathbf{A} & N_{1,n} & N_{2,n} & N_{3,n} & N_{4,n} \\
\hline
\overline{\mathbf{A}} & N_{5,n} & N_{6,n} & N_{7,n} & N_{8,n} \\
\hline
\end{array} \\
\begin{array}{cccc}
\mathbf{B} & \overline{\mathbf{B}} & \mathbf{B} & \overline{\mathbf{B}} \quad v_2 \\
\mathbf{C} & & \overline{\mathbf{C}} & \quad v_3
\end{array}
\end{array}
\qquad (3.52)
$$

Выделенный жирной линией фрагмент содержит четыре числа, которые описывают взаимодействие эйдосов **A**, **B** в контексте **C**.

Еще более наглядное представление дает рисунок 3.3, где показаны круги Эйлера эйдосов **A**, **B**, **C**. Круг **C**, очерченный жирной линией, есть контекст, в котором взаимодействуют эйдосы **A**, **B**.

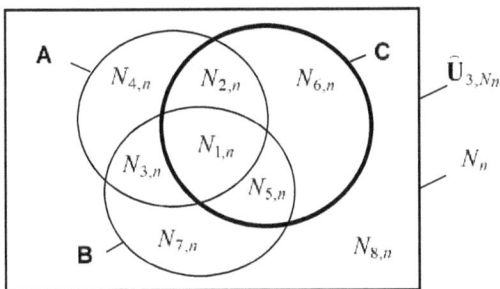

Рис. 3.3. Круги Эйлера для эйдосов A, B, C, взаимодействующих в гештальт-матрице $\hat{U}_{3,N_n}$

Вычисляемая величина $\mathbf{P}_{N_n}(\mathbf{BC}|\mathbf{AC})$ есть условная вероятность, а если более строго – условная частота. Она очевидным образом выражается через числа, что расположены в выделенном фрагменте таблицы (3.52) (в круге **C** на рисунке 3.3):

$$
\mathbf{P}_{N_n}(\mathbf{BC}|\mathbf{AC}) = \frac{N_n(ABC)}{N_n(AC)} = \frac{N_n(ABC)}{N_n(ABC)+N_n(A\overline{B}C)} = \frac{N_{1,n}}{N_{1,n}+N_{2,n}}. \quad (3.53)
$$

Отсюда следует, что для вычисления истинности правила **AC** → **BC** необходимо знать два (и только два) числа:

$$
\begin{aligned}
N_{1,n} &= N_n(\mathbf{ABC}) \\
N_{2,n} &= N_n(\mathbf{A\overline{B}C})
\end{aligned}
\qquad (3.54)
$$

из восьми, представляющих разложение (3.51).

§ 3.26. Конкретизация вычислительной проблемы, шаг 2

Прямой метод отыскания чисел $N_{1,n}$ и $N_{2,n}$ должен опираться на процедуру, определяющую эйдосы **A**, **B**, **C** через числа $n_1, n_2, \ldots, n_8$, которыми описывается взаимодействие эйдосов a, b, c.

Эйдос посылки **A** определяется системой (3.40) ограничений на точность правил $a \to b$, $b \to a$, $b \to c$, $c \to b$.

Эйдос следствия **B** определяется системой (3.41) ограничений на точность правил $a \to c$, $c \to a$.

Эйдос контекста **C** определяется системой (3.42) ограничений на объемы эйдосов a, b, c.

В этих системах ограничений фигурируют величины $P_n(b|a)$, $P_n(a|b)$, $P_n(c|b)$, $P_n(b|c)$, $P_n(c|a)$, $P_n(a|c)$.

Они представляют собой точность правил, соответственно, $a \to b$, $b \to a$, $b \to c$, $c \to b$, $a \to c$, $c \to a$, и величины $P_n(a)$, $P_n(b)$, $P_n(c)$, которые суть относительные объемы эйдосов a, b, c.

Все эти величины выражаются через числа $n_1, n_2, \ldots, n_8$ с помощью соотношений (3.43), (3.44), (3.45). Подставив (3.43) в (3.40), (3.44) в (3.41), (3.45) в (3.42), получим следующие три системы ограничений на числа $n_1, n_2, \ldots, n_8$, которыми определяются эйдосы **A**, **B**, **C**:

$$
\mathbf{A} = \begin{cases}
(\omega_{a\to b} - 1)n_1 + \omega_{a\to b}n_2 + (\omega_{a\to b} - 1)n_3 + \omega_{a\to b}n_4 \leq 0 \\
(1 - \theta_{a\to b})n_1 - \theta_{a\to b}n_2 + (1 - \theta_{a\to b})n_3 - \theta_{a\to b}n_4 \leq 0 \\
(\omega_{b\to a} - 1)n_1 + (\omega_{b\to a} - 1)n_3 + \omega_{b\to a}n_5 + \omega_{b\to a}n_7 \leq 0 \\
(1 - \theta_{b\to a})n_1 + (1 - \theta_{b\to a})n_3 - \theta_{b\to a}n_5 - \theta_{b\to a}n_7 \leq 0 \\
(\omega_{b\to c} - 1)n_1 + \omega_{b\to c}n_3 + (\omega_{b\to c} - 1)n_5 + \omega_{b\to c}n_7 \leq 0 \\
(1 - \theta_{b\to c})n_1 - \theta_{b\to c}n_3 + (1 - \theta_{b\to c})n_5 - \theta_{b\to c}n_7 \leq 0 \\
(\omega_{c\to b} - 1)n_1 + \omega_{c\to b}n_2 + (\omega_{c\to b} - 1)n_5 + \omega_{c\to b}n_6 \leq 0 \\
(1 - \theta_{c\to b})n_1 - \theta_{c\to b}n_2 + (1 - \theta_{c\to b})n_5 - \theta_{c\to b}n_6 \leq 0
\end{cases} \quad (3.55
$$

$$\mathbf{B} = \begin{cases} (\omega_{a \to c} - 1)n_1 + (\omega_{a \to c} - 1)n_2 + \omega_{a \to c}n_3 + \omega_{a \to c}n_4 \leq 0 \\ (1 - \theta_{a \to c})n_1 + (1 - \theta_{a \to c})n_2 - \theta_{a \to c}n_3 - \theta_{a \to c}n_4 \leq 0 \\ (\omega_{c \to a} - 1)n_1 + (\omega_{c \to a} - 1)n_2 + \omega_{c \to a}n_5 + \omega_{c \to a}n_6 \leq 0 \\ (1 - \theta_{c \to a})n_1 + (1 - \theta_{c \to a})n_2 - \theta_{c \to a}n_5 - \theta_{c \to a}n_6 \leq 0 \end{cases} \qquad (3.56)$$

$$\mathbf{C} = \begin{cases} n_1 + n_2 + n_3 + n_4 \leq \theta_a n \\ -n_1 - n_2 - n_3 - n_4 \leq -\omega_a n \\ n_1 + n_3 + n_5 + n_7 \leq \theta_b n \\ -n_1 - n_3 - n_5 - n_7 \leq -\omega_b n \\ n_1 + n_2 + n_5 + n_6 \leq \theta_c n \\ -n_1 - n_2 - n_5 - n_6 \leq -\omega_c n \end{cases} \qquad (3.57)$$

С математической точки зрения каждая из трех систем ограничений определяет выпуклый многогранник в восьмимерной целочисленной решетке, вписанный в семимерную гиперплоскость

$$\begin{cases} n_1 + n_2 + n_3 + n_4 + n_5 + n_6 + n_7 + n_8 = n \\ n_i \geq 0, i = 1,2,\dots,8 \end{cases} \qquad (3.28)$$

при обязательном учете дополнительного условия, а именно: в системе ограничений (3.57) нижние границы ω_a, ω_b, ω_c относительных объемов эйдосов a, b, c строго больше нуля[14]:

$$\begin{cases} \omega_a > 0 \\ \omega_b > 0 \\ \omega_c > 0 \end{cases} \qquad (3.58)$$

Из чисел $N_{1,n}, N_{2,n}, \dots, N_{8,n}$ только число $N_{1,n}$ формируется сочетанием эйдосов $\mathbf{A}, \mathbf{B}, \mathbf{C}$. Остальные семь чисел

[14] Заметим, что совместно условия (3.28) и (3.58) равносильны системе ограничений (3.30), определяющей локальный универсум $\widehat{U}_{3,N_n}$: (см. продолжение)

$$\widehat{U}_{3,N_n} = \begin{cases} n_1 + n_2 + n_3 + n_4 + n_5 + n_6 + n_7 + n_8 = n \\ n_1 + n_2 + n_3 + n_4 > 0 \\ n_1 + n_3 + n_5 + n_7 > 0 \\ n_1 + n_2 + n_5 + n_6 > 0 \\ n_i \geq 0, i = 1,2,\dots,8 \end{cases}$$

$N_{2,n}, ..., N_{8,n}$ формируются (как показывают метаматрица (3.50), таблица (3.52) и рисунок 3.3), с участием отрицаний $\overline{\mathbf{A}}, \overline{\mathbf{B}}, \overline{\mathbf{C}}$ эйдосов $\mathbf{A}, \mathbf{B}, \mathbf{C}$.

В принципе несложно, зная системы неравенств (3.55), (3.56), (3.57), выписать системы неравенств, которыми определяются эйдосы $\overline{\mathbf{A}}, \overline{\mathbf{B}}, \overline{\mathbf{C}}$. Я не буду этого делать из-за громоздкости записи систем, которые получаются в результате. Но детали, важные для понимания особенностей проблем, с которыми приходится иметь дело при вычислении истинности силлогизмов, можно понять, не выписывая подробно все системы неравенств.

Принцип, по которому следует действовать, чтобы учесть отрицания $\overline{\mathbf{A}}, \overline{\mathbf{B}}, \overline{\mathbf{C}}$, несложен. Пусть задана система s_p, состоящая из p неравенств. Ее отрицанием служит объединение $2^p - 1$ систем $\overline{S}_{p,i}$, $i = 1, 2, ..., 2^p - 1$, каждая из которых содержит все p неравенств первоначальной системы, минимум одно из которых заменено на обратное.

Эйдос $\overline{\mathbf{B}}$, например, определяется как отрицание системы (3.56), состоящей из четырех ($p = 4$) неравенств, представляющее собой совокупность из $2^4 - 1 = 15$ систем $\overline{S}_{4,i}$, $i = 1, 2, ..., 15$:

$$\overline{\mathbf{B}} = \bigcup_{i=1}^{15} \overline{S}_{4,i} \tag{3.59}$$

Договоримся, например, что система $\overline{S}_{4,1}$ представляет первоначальную систему (3.56), где нарушено первое сверху неравенство. Тогда

$$\overline{S}_{4,1} = \begin{cases} (\omega_{a \to c} - 1)n_1 + (\omega_{a \to c} - 1)n_2 + \omega_{a \to c}n_3 + \omega_{a \to c}n_4 > 0 \\ (1 - \theta_{a \to c})n_1 + (1 - \theta_{a \to c})n_2 - \theta_{a \to c}n_3 - \theta_{a \to c}n_4 \le 0 \\ (\omega_{c \to a} - 1)n_1 + (\omega_{c \to a} - 1)n_2 + \omega_{c \to a}n_5 + \omega_{c \to a}n_6 \le 0 \\ (1 - \theta_{c \to a})n_1 + (1 - \theta_{c \to a})n_2 - \theta_{c \to a}n_5 - \theta_{c \to a}n_6 \le 0 \end{cases} \tag{3.60}$$

Остальные 14 систем неравенств $\overline{S}_{4,i}$, $i = 2, \dots, 15$ соответствуют оставшимся случаям, когда нарушены одно, два, три либо четыре неравенства из четырех, имеющихся в системе (3.56).

§ 3.27. Точная постановка вычислительной проблемы

Теперь вычислительная проблема, в решение которой упирается вычисление истинности произвольного силлогизма, может быть охарактеризована предельно ясно.

Пусть символ

$$N_n \begin{pmatrix} X \\ Y \\ Z \end{pmatrix} \tag{3.61}$$

обозначает число решений уравнения (3.28) при условии (3.58), удовлетворяющих трем системам неравенств X,Y,Z, каждая из которых есть либо одна из систем **A** (3.55), **B** (3.56), **C** (3.57), либо одна из систем $\overline{S}_{p,i}$, $i = 1,2,\dots,2^p - 1$, представляющих отрицание какой либо из систем, представляющих эйдосы **C** ($p = 8$), **B** ($p = 4$), **C** ($p = 6$).

С помощью обозначения (3.61) искомые величины $N_{1,n} = N_n(\mathbf{ABC})$, $N_{2,n} = N_n(\mathbf{A\overline{B}C})$ выражаются так:

$$N_{1,n} = N_n \begin{pmatrix} \mathbf{A} \\ \mathbf{B} \\ \mathbf{C} \end{pmatrix} \tag{3.62}$$

$$N_{2,n} = \sum_{i=1}^{15} N_n \begin{pmatrix} \mathbf{A} \\ \overline{S}_{4,i} \\ \mathbf{C} \end{pmatrix} \tag{3.63}$$

где системы $\overline{S}_{4,i}$, $i = 2, \dots, 15$, те же, что в выражении (3.59).

Следуя указанному алгоритму, не составляет труда выписать формулы для остальных шести чисел $N_{3n}, \dots, N_{8n}$.

Замена силлогизма общего типа на другой логический закон приведет к изменению вида и состава неравенств в системах $\mathbf{A}, \mathbf{B}, \mathbf{C}$, а также в системах, образующих отрицания $\overline{\mathbf{A}}, \overline{\mathbf{B}}, \overline{\mathbf{C}}$ Но идея алгоритма вычисления чисел $N_{1n}, N_{2n}, …, N_{8n}$ останется той же самой. В любом случае это будут формулы типа (3.62), (3.63).

Формула (3.62), выражающая число N_{1n}, и все слагаемые в формуле (3.63), сумма которых дает число N_{2n}, имеют один и тот же математический смысл: это объемы выпуклых многогранников в целочисленной решетке, вписанных в гиперплоскость типа (3.28).

В случае, когда в формулировке закона участвуют три эйдоса a, b, c, размерность решетки равна $2^3 = 8$, размерность гиперплоскости на единицу меньше. В общем случае, когда в формулировке закона участвует q эйдосов, размерность решетки 2^q, а размерность гиперплоскости $2^q - 1$.

Чтобы уверенно вычислять истинность, нужно уметь находить объемы выпуклых многогранников в целочисленных решетках, вписанных в гиперплоскость.

В принципе алгоритм решения таких задач численными методами с помощью компьютера не представляет проблемы. Есть ли общий метод решения подобных задач в аналитической форме, не уверен. На данный момент я такого метода не знаю.

Однако существуют нетривиальные частные случаи, когда решение задач этого типа может быть получено в аналитической форме.

§ 3.28. Пример вычисления логической истинности

В работе [01] предложен метод, позволяющий вычислить истинность логического закона в его локальном универсуме в ряде частных случаев, характерных для классической логики.

Метод опирается на элементарные идеи комбинаторного анализа. Он подробно описан в той же работе [01]. В качестве примера решена задача вычисления истинности правила $\mathbf{AC} \to \mathbf{BC}$, выражающего так называемый *закон контрапозиции* «если (А) все $\overline{a}$ суть $\overline{b}$, то (В) все b суть a»[15].

Назовем закон контрапозиции *строгим*, если он рассматривается в контексте $\mathbf{C}$, где объемы эйдосов a, $\overline{a}$, b, $\overline{b}$ отличны от нуля. Соответственно, закон контрапозиции будем называть *нестрогим*, если он рассматривается в контексте $\mathbf{C'}$, в котором объемы эйдосов a, $\overline{a}$, b, $\overline{b}$ могут быть равными нулю.

В работе [01] показано, что истинность $\mathbf{P}_{N_n}(\mathbf{BC}|\mathbf{AC})$ строгого закона контрапозиции, как и следовало ожидать, равна 1 в локальном универсуме любого порядка $n \geq 2$:

$$\mathbf{P}_{N_n}(\mathbf{BC}|\mathbf{AC}) = 1. \qquad (3.64)$$

Отсюда следует, что истинность $\widehat{\mathbf{P}}_{\infty}(\mathbf{BC}|\mathbf{AC})$ в глобальном универсуме также равна 1, то есть, строгий закон контрапозиции, как, опять-таки, следовало ожидать, является истинным безусловно.

Но для нестрогого закона контрапозиции в контексте $\mathbf{C'}$ положение иное. Истинность $\mathbf{P}_{N_n}(\mathbf{BC'}|\mathbf{AC'})$ этого закона в локальном универсуме любого *конечного* порядка $n \geq 1$ строго меньше единицы:

$$\mathbf{P}_{N_n}(\mathbf{BC'}|\mathbf{AC'}) = 1 - \frac{2}{n+1} < 1 \qquad (3.65)$$

Нестрогий закон контрапозиции ложен также и в любом кумулятивном универсуме, объединяющем локальные универсумы, имеющие порядок n от 1 до w:

---

[15] В работе [04] символы $\mathbf{A}$ и $\mathbf{B}$ следует формально поменять местами, чтобы у них был тот смысл, который указан здесь.

$$\widehat{\mathbf{P}}_{N_w}(\mathbf{BC'}|\mathbf{AC'}) = 1 - \frac{3}{w+2} < 1 . \qquad (3.66)$$

Однако, в пределе при $w \to \infty$[16] истинность $\mathbf{P}_\infty(\mathbf{BC'}|\mathbf{AC'})$ этого закона в глобальном универсуме строго равна единице:

$$\widehat{\mathbf{P}}_\infty(\mathbf{BC'}|\mathbf{AC'}) = \lim_{w \to \infty}\left(1 - \frac{3}{w+2}\right) = 1 \qquad (3.67)$$

Это любопытный пример, когда закон, ложный в частном случае, в глобальном смысле оказывается истинным, поскольку доля опровергающих его примеров, равная $3/(w + 2)$ в кумулятивных универсумах порядка w, стремится к нулю при $w \to \infty$.

Причина явления в «краевых эффектах»: если оба эйдоса $\overline{a}$, $\overline{b}$ существуют, и хотя бы один из них занимает весь объем n первичной гештальт матрицы, то один из эйдосов a, b не существует, и закон контрапозиции не выполняется, так как его следствие не определено.

Однако, с увеличением n доля связанных с этим явлением примеров, опровергающих закон контрапозиции в локальных универсумах порядка n, уменьшается по закону $2/(n + 1)$, а в кумулятивных универсумах порядка w эта доля с ростом w уменьшается по закону $3/(w + 2)$, в силу чего возникает указанный эффект.

Нестрогий закон контрапозиции ложен, но в столь малой степени, что практически его ложностью можно пренебречь. Очевидно, что эффекты такого рода могут быть обнаружены лишь благодаря вычислительной процедуре, позволяющей находить истинность так, как это

---

[16] Смотри формулу (3.47). Она написана для случая, когда в логическом законе принимают участие три эйдоса a, b, c. Но в случае, когда число эйдосов $\lambda \neq 3$, формула сохраняет тот же вид, нужно только индекс 3, указывающий, что эйдосов всего 3, везде заменить на индекс λ.

делается в детерминационной логике. Потому что только прямое вычисление истинности позволяет увидеть, насколько мала или велика истинность либо ложность того или иного закона. В классике же закон либо истинный, либо нет, другие варианты исключены.

Особенность многозначной детерминационной логики в том, что в ее рамках можно не только обнаружить факт истинности либо ложности логического закона, но и точно указать долю примеров, опровергающих этот закон в локальных и глобальном универсумах. Это открывает возможность логических исследований, которые лишены смысла в рамках классической логики, но имеют ясный практический смысл в логике детерминационной, опирающейся на феноменологию диалогов.

§ 3.29. Строгая истина и асимптотическая истина

Рассмотренный только что пример показывает, что следует различать истину *строгую* и *асимптотическую*. Причина в том, что вычисление истинности любого логического закона в глобальном универсуме содержит предельный переход (3.49).

Пусть n_0 есть минимально допустимый порядок, при котором существуют посылка **A** и контекст **C** логического закона **AC → BC**.

Справедлива следующая очевидная теорема, устанавливающая связь между истинностью в локальных универсумах и истинностью в универсуме глобальном.

Теорема 1. Если логический закон **AC → BC** *является истинным в локальном универсуме любого порядка* $n > n_0$, *то он истинный и в глобальном универсуме, объединяющем локальные универсумы порядка не ниже* n_0.

Иными словами, если

$$\mathbf{P}_{N_n}(\mathbf{BC}|\mathbf{AC}) = 1 \text{ при любом } n > n_0, \qquad (3.68)$$

то имеет место

$$\mathbf{P}_\infty(\mathbf{BC}|\mathbf{AC}) = \lim_{w \to \infty} \widehat{\mathbf{P}}_{N_w}(\mathbf{BC}|\mathbf{AC}) = 1. \qquad (3.69)$$

Для доказательства достаточно учесть, что любой кумулятивный универсум получается объединением локальных универсумов. И если в каждом из объединяемых универсумов закон является истинным (выполнено равенство (3.68)), то в кумулятивном универсуме любого конечного порядка $w > n_0$ он также истинный (выполнено $\widehat{\mathbf{P}}_{N_w}(\mathbf{BC}|\mathbf{AC}) = 1$), откуда следует (3.69).

<u>Строгая истина. Определение</u>. Логический закон $\mathbf{AC} \to \mathbf{BC}$ является по определению *строго истинным*, если в локальном универсуме любого порядка $n \geq n_0$ выполнено условие (3.68).

Пример. Для приведенного выше строгого закона контрапозиции при любом $n \geq 2$ выполнено условие (3.64), эквивалентное условию (3.68) при $n_0 = 2$. Следовательно, строгий закон контрапозиции является строго истинным в глобальном универсуме, объединяющем локальные универсумы порядка 2 и выше.

<u>Асимптотическая истина. Определение</u>. Логический закон $\mathbf{AC} \to \mathbf{BC}$, истинный в глобальном универсуме, является по определению *асимптотически истинным*, если хотя бы при одном значении $n \geq n_0$ условие (3.68) нарушено, т.е. выполнено условие

$$\mathbf{P}_{N_n}(\mathbf{BC}|\mathbf{AC}) < 1 \text{ при некотором } n \geq n_0, \qquad (3.70)$$

но при этом выполнено условие (3.69).

Пример. Приведенный выше нестрогий закон контрапозиции $\mathbf{AC'} \to \mathbf{BC'}$ является *ложным в любом локальном универсуме*. Его определяемая равенством (3.65) истинность $\mathbf{P}_{N_n}(\mathbf{BC'}|\mathbf{AC'})$ строго меньше единицы при любом конечном $n \geq 1$. И вместе с тем в глобальном универсуме выполнено равенство

$$\widehat{\mathbf{P}}_{\infty}(\mathbf{BC'}|\mathbf{AC'}) = \lim_{w \to \infty} \left(1 - \frac{3}{w+2}\right) = 1, \qquad (3.71)$$

эквивалентное равенству (3.69). Следовательно, нестрогий закон контрапозиции представляет собой асимптотическую истину.

§ 3.30. Связь многозначной и двузначной логики

Опираясь на феноменологию диалогов, мы убедились, что любой заданный априори силлогизм общего вида (3.7), рассматриваемый при условии (3.8), характеризуется истинностью в глобальном универсуме, которая может быть вычислена.

Вычислительная процедура иллюстрирует общий подход к решению центральной логической проблемы: есть некое утверждение, претендующее на звание логического закона. Требуется доказать его истинность или ложность в глобальном универсуме.

Доказательство сводится к вычислению истинности как доли случаев, подтверждающих данное утверждение или закон в глобальном универсуме.

При таком подходе логическая истинность всегда многозначна. Таким образом, если строить логику на базе феноменологии диалогов, случай многозначной логики является наиболее общим.

Двузначная логика есть частный случай, когда вместо спектра значений истинности, заполняющих отрезок [0,1], рассматривают только два значения, а именно: истинность 1 (истина) либо < 1 (ложь). Последнее значение в классике принято обозначать нулем.

§ 3.31. Общий метод построения расширенной силлогистики в двузначной логике. Задача Δ

В случае силлогистики переход от многозначной логики к двузначной позволяет преобразовать процедуру вычисления истинности силлогизма **AC → BC** общего вида (3.7) при условии (3.8) в метод отыскания максимально сильного следствия **B** этого силлогизма, коль скоро заданы посылка **A** и контекст **C**. Это, как упоминалось выше, решает проблему расширения классической силлогистики.

Метод опирается на решение так называемой *задачи* Δ. Математически это задача на отыскание экстремума дробно-линейной функции на выпуклом многограннике, заданном системой линейных ограничений ℑ.

Задача Δ. Отыскать экстремальные значения

$$\Psi^-_{a \to c} = \min_{\mathfrak{I}} P_n(c|a), \quad \Psi^+_{a \to c} = \max_{\mathfrak{I}} P_n(c|a)$$
$$\Psi^-_{c \to a} = \min_{\mathfrak{I}} P_n(a|c), \quad \Psi^+_{c \to a} = \max_{\mathfrak{I}} P_n(a|c) \tag{3.72}$$

двух дробно-линейных функций

$$P_n(c|a) = \frac{n_1 + n_2}{n_1 + n_2 + n_3 + n_4}, \quad P_n(a|c)\frac{n_1 + n_2}{n_1 + n_2 + n_5 + n_6} \tag{3.73}$$

на множестве всех восьмерок неотрицательных целых чисел $n_1, n_2, ..., n_8$, удовлетворяющих следующей системе ограничений ℑ:

$$
\mathbf{A} = \begin{cases}
(\omega_{a\to b}-1)n_1 + \omega_{a\to b}n_2 + (\omega_{a\to b}-1)n_3 + \omega_{a\to b}n_4 \le 0 \\
(1-\theta_{a\to b})n_1 - \theta_{a\to b}n_2 + (1-\theta_{a\to b})n_3 - \theta_{a\to b}n_4 \le 0 \\
(\omega_{b\to a}-1)n_1 + (\omega_{b\to a}-1)n_3 + \omega_{b\to a}n_5 + \omega_{b\to a}n_7 \le 0 \\
(1-\theta_{b\to a})n_1 + (1-\theta_{b\to a})n_3 - \theta_{b\to a}n_5 - \theta_{b\to a}n_7 \le 0 \\
(\omega_{b\to c}-1)n_1 + \omega_{b\to c}n_3 + (\omega_{b\to c}-1)n_5 + \omega_{b\to c}n_7 \le 0 \\
(1-\theta_{b\to c})n_1 - \theta_{b\to c}n_3 + (1-\theta_{b\to c})n_5 - \theta_{b\to c}n_7 \le 0 \\
(\omega_{c\to b}-1)n_1 + \omega_{c\to b}n_2 + (\omega_{c\to b}-1)n_5 + \omega_{c\to b}n_6 \le 0 \\
(1-\theta_{c\to b})n_1 - \theta_{c\to b}n_2 + (1-\theta_{c\to b})n_5 - \theta_{c\to b}n_6 \le 0
\end{cases}
$$

$$
\mathbf{C} = \begin{cases}
n_1 + n_2 + n_3 + n_4 \le \theta_a n \\
-n_1 - n_2 - n_3 - n_4 \le -\omega_a n \\
n_1 + n_3 + n_5 + n_7 \le \theta_b n \\
-n_1 - n_3 - n_5 - n_7 \le -\omega_b n \\
n_1 + n_2 + n_5 + n_6 \le \theta_c n \\
-n_1 - n_2 - n_5 - n_6 \le -\omega_c n
\end{cases}
$$

$$
\hat{\mathbf{U}}_{3,N_n} = \begin{cases}
n_1 + n_2 + n_3 + n_4 + n_5 + n_6 + n_7 + n_8 = n \\
n_i \ge 0, \ i = 1,2,\dots,8 \\
\omega_a n \ge 1; \ \omega_b n \ge 1; \ \omega_c n \ge 1.
\end{cases}
$$

(3.74)

Задача Δ относится к классу задач на экстремум функций, определенных на выпуклых многогранниках. Основы методов решения подобных задач заложены в конце 30-х годов прошлого века работами Л. В. Канторовича (1912–1986) [67], [68].

Не случайно сын Леонида Витальевича В. Л. Канторович попросил меня сделать краткую статью о его отце, что я, естественно, почел за честь, и он опубликовал эту статью [69] в первом томе двухтомника памяти своего отца.

Применительно к логике задача Δ в общем виде поставлена в работе [07] (1984), где получено ее частное решение, – система силлогизмов $\mathcal{L}_{\mu,\omega}$, о которой сказано выше.

Общее решение задачи Δ опубликовано позднее, в работе [08] (1990). Эта статья завершила серию работ, посвященных детерминационной двузначной силлогистике, сделанных в период с 1983 по 1990 годы.

Примечание. 1969 год. Некие деятели во власти решили: стране нужна социология, а не доносительство. Я поступил на работу к Борису А. Грушину в только что созданный Институт Конкретных Социологических Исследований (ИКСИ). За 3 года изучил зарубежный опыт применения математики в социологии и обсудил его с коллегами. Но со сменой идеологической власти в верхах из института пришлось уйти. Но я уже понял, в какую сторону надо двигаться. Возникшее понимание к концу 70-х стало содержанием книги под названием "Детерминационный анализ социально-экономических данных". Заложенные в ней идеи обернулись *Детерминационной логикой*. Возникла серия новых работ. Ключевые из них, [05], [07], [08], [25] Дмитрий А. Поспелов, главный редактор серии "Известия А.Н. СССР, Техническая кибернетика", опубликовал их в своем журнале.

§ 3.32. Применение задачи Δ в конкретных случаях

Важность задачи Δ для силлогистики обусловлена тем, что ее решение позволяет не только получить все неклассические силлогизмы, но и доказать истинность либо ложность любого силлогизма, как классического, так и неклассического. В частности, решение задачи Δ дает простое и эффективное необходимое и достаточное условие того, что произвольный обобщенный силлогизм (силлогизм общего вида (3.7)) является истинным либо ложным. Об этом говорит следующая теорема.

Теорема 2 (*о решении задачи* Δ). *Пусть* **AC** → **BC** *силлогизм общего вида, где следствие* **B** *имеет вид*

$$\mathbf{B} = \begin{pmatrix} \omega_{a\to c} \leq P_n(c|a) \leq \theta_{a\to c} \\ \omega_{c\to a} \leq P_n(a|c) \leq \theta_{c\to a} \end{pmatrix}. \qquad (3.41)$$

Пусть также **AC** → **B**$_\Delta$**C** *силлогизм со следствием*

$$\mathbf{B}_\Delta = \begin{pmatrix} \Psi^-_{a\to c} \leq P_n(c|a) \leq \Psi^+_{a\to c} \\ \Psi^-_{c\to a} \leq P_n(a|c) \leq \Psi^+_{c\to a} \end{pmatrix} \qquad (3.75)$$

где числа $\Psi^-_{a\to c}$, $\Psi^+_{a\to c}$, $\Psi^-_{c\to a}$, $\Psi^+_{c\to a}$ *суть решение задачи* Δ *для силлогизма* **AC** → **BC** *в локальном универсуме* $\widehat{\mathbf{U}}_{3,N_n}$ *порядка* $n \geq 1$. *Тогда справедливы следующие два утверждения.*

1. *Силлогизм* $\mathbf{AC} \to \mathbf{B}_\Delta\mathbf{C}$ *является истинным в локальном универсуме* $\hat{\mathbf{U}}_{3,N_n}$ *порядка* $n \geq 1$, *т.е. выполнено равенство*

$$P_{N_n}(\mathbf{B}_\Delta\mathbf{C}|\mathbf{AC}) = 1 \text{ при любом } n \geq 1. \qquad (3.76)$$

2. *Необходимое и достаточное условие того, что силлогизм* $\mathbf{AC} \to \mathbf{BC}$ *является истинным в локальном универсуме* $\hat{\mathbf{U}}_{3,N_n}$, *имеет вид*

$$\begin{cases} \omega_{a\to c} \leq \Psi_{a\to c}^- \leq \Psi_{a\to c}^+ \leq \theta_{a\to c} \\ \omega_{c\to a} \leq \Psi_{c\to a}^- \leq \Psi_{c\to a}^+ \leq \theta_{c\to a} \end{cases} \qquad (3.77)$$

Следствие 1. *Нарушение минимум одного из шести неравенств* (3.77) *есть необходимое и достаточное условие того, что силлогизм* $\mathbf{AC} \to \mathbf{BC}$ *ложный в локальном универсуме* $\hat{\mathbf{U}}_{3,N_n}$.

Следствие 2. *По теореме* 1 *если выполнено условие* (3.77), *то силлогизм* $\mathbf{AC} \to \mathbf{BC}$ *безусловно истинный в глобальном универсуме* $\Re_{3,\infty}$

§ 3.33. Общий метод доказательства истинности произвольного силлогизма в двузначной детерминационной логике

В детерминационной двузначной логике существует общий метод доказательства истинности либо ложности любого частного силлогизма $\tilde{\mathbf{A}}\tilde{\mathbf{C}} \to \tilde{\mathbf{B}}\tilde{\mathbf{C}}$. Чтобы воспользоваться им, нужно проделать следующие шаги.

Шаг 1. Указать конкретные значения 18 параметров, при которых эйдосы $\mathbf{A}$, $\mathbf{B}$, $\mathbf{C}$ обобщенного силлогизма $\mathbf{AC} \to \mathbf{BC}$ переходят в эйдосы $\tilde{\mathbf{A}}$, $\tilde{\mathbf{B}}$, $\tilde{\mathbf{C}}$ частного силлогизма $\tilde{\mathbf{A}}\tilde{\mathbf{C}} \to \tilde{\mathbf{B}}\tilde{\mathbf{C}}$

Указание. На основании конкретной формулировки силлогизма $\tilde{\mathbf{A}}\tilde{\mathbf{C}} \to \tilde{\mathbf{B}}\tilde{\mathbf{C}}$ записать эйдосы $\tilde{\mathbf{A}}$, $\tilde{\mathbf{B}}$, $\tilde{\mathbf{C}}$ в форме соотношений (3.37), (3.38), (3.39).

Шаг 2. Написать задачу Δ для силлогизма $\widetilde{\mathbf{A}}\widetilde{\mathbf{C}} \to \widetilde{\mathbf{B}}\widetilde{\mathbf{C}}$.

Указание. Подставить найденные на первом шаге значения параметров, определяющих эйдосы $\widetilde{\mathbf{A}}$, $\widetilde{\mathbf{C}}$, в систему ограничений $\mathfrak{I}$ (3.74) задачи Δ для обобщенного силлогизма $\mathbf{AC} \to \mathbf{BC}$.

Шаг 3. Найти решение $\widetilde{\Psi}_{a\to c}^{-}$, $\widetilde{\Psi}_{a\to c}^{+}$, $\widetilde{\Psi}_{c\to a}^{-}$, $\widetilde{\Psi}_{c\to a}^{+}$ полученной задачи Δ для всех $n \geq 1$.

Шаг 4. Написать необходимое и достаточное условие истинности силлогизма $\widetilde{\mathbf{A}}\widetilde{\mathbf{C}} \to \widetilde{\mathbf{B}}\widetilde{\mathbf{C}}$ в локальном универсуме $\widehat{\mathbf{U}}_{3,N_n}$ при всех $n \geq 1$.

Указание. Подставить найденные на первом шаге значения параметров, определяющих эйдос $\widetilde{\mathbf{B}}$, в необходимое и достаточное условие (3.77) истинности силлогизма $\mathbf{AC} \to \mathbf{BC}$ общего вида.

Шаг 5. Подставить решение $\widetilde{\Psi}_{a\to c}^{-}$, $\widetilde{\Psi}_{a\to c}^{+}$, $\widetilde{\Psi}_{c\to a}^{-}$, $\widetilde{\Psi}_{c\to a}^{+}$ задачи Δ в необходимое и достаточное условие истинности силлогизма $\widetilde{\mathbf{A}}\widetilde{\mathbf{C}} \to \widetilde{\mathbf{B}}\widetilde{\mathbf{C}}$, полученное на предыдущем шаге.

Случай 1. Условие удовлетворяется. Тогда по теореме 2 (о решении задачи Δ) силлогизм $\widetilde{\mathbf{A}}\widetilde{\mathbf{C}} \to \widetilde{\mathbf{B}}\widetilde{\mathbf{C}}$ является истинным в локальном универсуме $\widehat{\mathbf{U}}_{3,N_n}$ любого порядка $n \geq 1$. Согласно следствию 2 той же теоремы, силлогизм $\widetilde{\mathbf{A}}\widetilde{\mathbf{C}} \to \widetilde{\mathbf{B}}\widetilde{\mathbf{C}}$ является безусловно истинным в глобальном универсуме $\mathfrak{R}_{3,\infty}$. Конец доказательства.

Случай 2. Условие не удовлетворяется. Тогда по следствию 1 теоремы 2 силлогизм $\widetilde{\mathbf{A}}\widetilde{\mathbf{C}} \to \widetilde{\mathbf{B}}\widetilde{\mathbf{C}}$ ложный в локальном универсуме $\widehat{\mathbf{U}}_{3,N_n}$, и, с классических позиций, – ложный в глобальном универсуме[17]. Конец доказательства.

---

[17] Силлогизм, ложный в локальном универсуме, может быть, как показано выше, асимптотически истинным в универсуме глобальном. Но в схеме двузначной логики обнаружить такой эффект нельзя, нужно обратиться к описанным выше вычислительным процедурам многозначной логики.

§ 3.34. Иллюстративный пример, доказательство истинности классического силлогизма Barbara

В качестве иллюстрации того, как «работает» задача Δ при доказательстве истинности силлогизмов, рассмотрим доказательство истинности хорошо известного классического силлогизма **Barbara**. Это силлогизм по первой фигуре. Его формулировка (она приводилась выше) такова:

Если все a суть b и все b суть c, то все a суть c при условии, что a, b, c существуют. (3.78)

Объясняя, почему силлогизм **Barbara** следует считать истинным, часто рисуют круги Эйлера эйдосов a, b, c , взаимодействующих так, как это показано на рисунке 3.4.

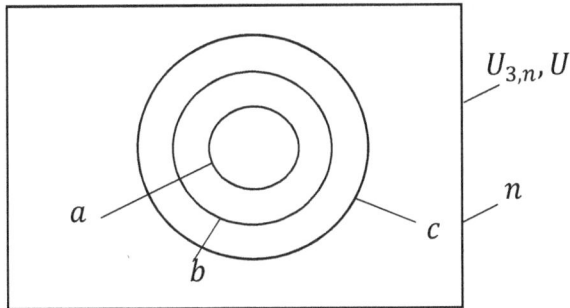

Рис. 3.4. Круги Эйлера, иллюстрирующие истинность силлогизма **Barbara** в гештальт-матрице $U_{3,n}$.

Такие круги рисовал и сам Эйлер, объясняя принцессам Бранденбург-Шведт в феврале 1761 года, почему силлогизм **Barbara** истинный [24].

В рамках детерминационной двузначной силлогистики силлогизм **Barbara** (как и любой другой) рассматривается как частный случай обобщенного силлогизма (3.7). Поэтому для доказательства истинности силлогизма **Barbara** (как и для доказательства истинности любого другого силлогизма) применима схема из пяти шагов, указанная выше. Посмотрим, как она работает в этом частном случае.

Шаг 1. Установим связь частного силлогизма Barbara с обобщенным силлогизмом (3.7). Определим конкретные значения 18 параметров, при которых эйдосы **A**, **B**, **C** обобщенного силлогизма **AC → BC**, определяемые соотношениями (3.37), (3.38), (3.39), переходят в эйдосы $\widetilde{\textbf{A}}, \widetilde{\textbf{B}}, \widetilde{\textbf{C}}$ силлогизма **Barbara**, если его записать в форме $\widetilde{\textbf{A}}\widetilde{\textbf{C}} → \widetilde{\textbf{B}}\widetilde{\textbf{C}}$.

Формулировка (3.78) силлогизма **Barbara** показывает, что эйдосы $\widetilde{\textbf{A}}, \widetilde{\textbf{B}}, \widetilde{\textbf{C}}$ силлогизма Barbara определяются соотношениями:

$$\widetilde{\textbf{A}} = \begin{pmatrix} 1 \le P_n(b|a) \le 1;\ 1 \le P_n(c|b) \le 1 \\ 0 \le P_n(a|b) \le 1;\ 0 \le P_n(b|c) \le 1 \end{pmatrix}$$

$$\widetilde{\textbf{B}} = \begin{pmatrix} 1 \le P_n(c|a) \le 1 \\ 0 \le P_n(a|c) \le 1 \end{pmatrix} \tag{3.79}$$

$$\widetilde{\textbf{C}} = (1/n \le P_n(a) \le 1;\ 1/n \le P_n(b) \le 1;\ 1/n \le P_n(c) \le 1$$

Эйдосы **A**, **B**, **C** обобщенного силлогизма **AC → BC**, определяются соотношениями (3.37),(3.38), (3.39), которые имеют вид

$$\textbf{A} = \begin{pmatrix} \omega_{a\to b} \le P_n(b|a) \le \theta_{a\to b};\ \omega_{b\to c} \le P_n(c|b) \le \theta_{b\to c} \\ \omega_{b\to a} \le P_n(a|b) \le \theta_{b\to a};\ \omega_{c\to b} \le P_n(b|c) \le \theta_{c\to b} \end{pmatrix}$$

$$\textbf{B} = \begin{pmatrix} \omega_{a\to c} \le P_n(c|a) \le \theta_{a\to c} \\ \omega_{c\to a} \le P_n(a|c) \le \theta_{c\to a} \end{pmatrix} \tag{3.80}$$

$$\textbf{C} = (\omega_a \le P_n(a) \le \theta_a;\ \omega_b \le P_n(b) \le \theta_b;\ \omega_c \le P_n(c) \le \theta_c$$

Сравнивая (3.79) и (3.80), находим значения параметров (они указаны ниже в (3.81)), при которых обобщенный силлогизм **AC → BC** переходит в силлогизм **Barbara**, записанный в форме $\widetilde{\textbf{A}}\widetilde{\textbf{C}} → \widetilde{\textbf{B}}\widetilde{\textbf{C}}$.

$$A \Rightarrow \tilde{A} \; при \begin{pmatrix} \omega_{a \to b} = \omega_{b \to c} = \theta_{a \to b} = \theta_{b \to c} = 1 \\ \omega_{b \to a} = \omega_{c \to b} = 0; \; \theta_{b \to a} = \theta_{c \to b} = 1 \end{pmatrix}$$

$$B \Rightarrow \tilde{B} \; при \begin{pmatrix} \omega_{a \to c} = \theta_{a \to c} = 1 \\ \omega_{c \to a} = 0; \theta_{c \to a} = 1 \end{pmatrix} \tag{3.81}$$

$$C \Rightarrow \tilde{C} \; при \; (\omega_a = \omega_b = \omega_c = 1/n; \; \theta_a = \theta_b = \theta_c = 1)$$

Шаг 2. Напишем задачу Δ для силлогизма **Barbara**. Для этого значения параметров, определяющих эйдосы $\tilde{A}$, $\tilde{C}$, в (3.81), подставим в систему ограничений (3.74), которая определяет задачу Δ для силлогизма $AC \to BC$ общего вида. Отбрасывая заведомо выполняющиеся ограничения, после элементарных преобразований получаем задачу Δ силлогизма **Barbara**.

Задача Δ для силлогизма **Barbara**. Отыскать экстремальные значения

$$\begin{aligned} \tilde{\Psi}_{a \to c}^- = \min_{\mathfrak{Z}} P_n(c|a), \quad \tilde{\Psi}_{a \to c}^+ = \max_{\mathfrak{Z}} P_n(c|a), \\ \tilde{\Psi}_{c \to a}^- = \min_{\mathfrak{Z}} P_n(a|c), \quad \tilde{\Psi}_{c \to a}^+ = \max_{\mathfrak{Z}} P_n(a|c), \end{aligned} \tag{3.82}$$

двух дробно-линейных функций

$$P_n(c|a) = \frac{n_1 + n_2}{n_1 + n_2 + n_3 + n_4}, \quad P_n(a|c) = \frac{n_1 + n_2}{n_1 + n_2 + n_5 + n_6} \tag{3.83}$$

на множестве всех восьмёрок неотрицательных целых чисел $n_1, n_2, \ldots, n_8$, удовлетворяющих следующей системе ограничений $\mathfrak{Z}$:

$$A = \{n_2 = n_3 = n_4 = n_7 = 0$$

$$C = \{n_1 \geq 1 \tag{3.84}$$

$$\widehat{U}_{3,N_n} = \begin{cases} n_1 + n_5 + n_6 + n_8 = n \\ n_i \geq 0, i = 5, 6, 8 \end{cases}$$

Шаг 3. Найдем решение $\tilde{\Psi}_{a \to c}^-$, $\tilde{\Psi}_{a \to c}^+$, $\tilde{\Psi}_{c \to a}^-$, $\tilde{\Psi}_{c \to a}^+$ полученной задачи Δ для всех $n \geq 1$. Подставляя $n_2 = n_3 = n_4 = 0$ из (3.84) в (3.83) и результат в (3.82), получаем после простейших преобразований решение задачи Δ:

$$\widetilde{\Psi}_{a \to c}^{-} = 1; \; \widetilde{\Psi}_{a \to c}^{+} = 1; \; \widetilde{\Psi}_{c \to a}^{-} = 1/n; \; \widetilde{\Psi}_{c \to a}^{+} = 1 \qquad (3.85)$$

Шаг 4. Выпишем необходимое и достаточное условие истинности силлогизма **Barbara**. С этой целью в необходимое и достаточное условие (3.77) истинности обобщенного силлогизма **AC → BC** подставим значения параметров, определяющих эйдос $\widetilde{B}$ в силлогизме Barbara, записанном в форме $\widetilde{A}\widetilde{C} \to \widetilde{B}\widetilde{C}$:

$$\begin{cases} 1 \le \widetilde{\Psi}_{a \to c}^{-} \le \widetilde{\Psi}_{a \to c}^{+} \le 1 \\ 0 \le \widetilde{\Psi}_{c \to a}^{-} \le \widetilde{\Psi}_{c \to a}^{+} \le 1 \end{cases} \qquad (3.86)$$

Чтобы установить истинность (ложность) силлогизма **Barbara** следует в (3.86) вместо ,$\widetilde{\Psi}_{a \to c}^{-}$, $\widetilde{\Psi}_{a \to c}^{+}$, $\widetilde{\Psi}_{c \to a}^{-}$, $\widetilde{\Psi}_{c \to a}^{+}$ подставить решение (3.85) задачи Δ для этого силлогизма.

Шаг 5. Подставим (3.85) в (3.86). Видно, что условие (3.86) выполняется, поскольку после указанной подстановки принимает такой вид:

$$\begin{cases} 1 \le 1 \le 1 \le 1 \\ 0 \le 1/n \le 1 \le 1 \end{cases} \qquad (3.87)$$

Отсюда следует, что силлогизм Barbara является истинным в глобальном универсуме. Доказательство закончено.

Вопрос: зачем нужно длинно доказывать то, что давно известно и классическими методами доказывается намного короче? Ответ: потому что общий метод лучше частного.

Приведенный пример прост. Но примененный в нем способ доказательства приводит к результату в случаях не только простых, но и куда более сложных, когда классические методы непригодны.

В качестве примера остановимся на расширении силлогизма **Barbara**, известного как «силлогизм бабушки».

§ 3.35. Неклассическое расширение силлогизма Barbara

В городке на юге Франции в начале прошлого века какой-то приезжий обратил внимание, что мужчины на улицах нередко носят канотье, ходят с тросточкой и пьют абсент[18]. Почти все, кто в канотье, носили тросточку и почти все, кто с тросточкой, предпочитали абсент.

Бары были везде. Увидев тросточку, бармен молча подавал абсент. Приезжий спросил, почему бы абсент не предлагать тем, кто в канотье? И сослался на силлогизм Аристотеля Barbara. Бармен не изучал логику, но вспомнил, что бабушка когда-то говорила ему: *многие, кто в канотье, любят абсент, это правда. Но далеко не все.* Поэтому надо спросить.

Силлогизма «Если почти все, кто в канотье, носят тросточку и почти все, кто с тросточкой, заказывают абсент, то почти все, кто в канотье, заказывают абсент» среди истинных силлогизмов Аристотеля нет. Нет его и среди истинных неаристотелевских силлогизмов. Приезжий ошибся. А вот силлогизм

Если почти все, кто в канотье (a), носят тросточку (b),
и почти все, кто с тросточкой (b), заказывают абсент (c),
то многие из тех, кто в канотье (a), заказывают абсент (c),
притом, что a, b, c встречаются нередко, —

такой силлогизм среди истинных неаристотелевских силлогизмов есть. Однако следствие его содержит не *почти все*, как говорил приезжий, а *многие*. Бабушка бармена была права. Поэтому силлогизм (3.88) в литературе получил название *силлогизм бабушки* [07], [70].

---

[18] Абсент – полынная водка зеленого цвета.

Это неклассический силлогизм, существование и истинность которого нетривиально устанавливается решением соответствующей задачи Δ. Силлогизм похож на силлогизм Barbara, но отличен от него. Рассмотрим отвлеченную формулировку силлогизма бабушки:

Если почти a суть b, и почти все b суть c,
то многие a суть c (3.89)
при условии, что a, b, c встречаются нередко.

Нам, вообще говоря, неизвестно, как суждение об истинности либо ложности этого силлогизма сделать точным. Слова *почти все, многие, нередко* не имеют точной интерпретации. Приезжий вкладывал в них один смысл, бармен – другой, бабушка бармена – третий.

Допустим, *почти все a суть b, и почти все b суть c* можно сказать, когда одновременно

$$\mu \leq P_n(b|a) \leq 1, \quad \mu \leq P_n(c|b) \leq 1 \qquad (3.90)$$

Пусть *многие a суть c* уместно сказать, если

$$v \leq P_n(c|a) \leq 1, \qquad (3.91)$$

а слова «a, b, c встречаются нередко» означают, что

$$1/n \leq \omega \leq P_n(a) \leq 1; \quad 1/n \leq \omega \leq P_n(b) \leq 1;$$
$$1/n \leq \omega \leq P_n(c) \leq 1 \qquad (3.92)$$

Здесь n, как обычно, абсолютный объем гештальт-матрицы, где взаимодействуют эйдосы a, b, c, а величина $1/n$ есть минимальный квант относительного объема в той же гештальт-матрице.

Но параметры μ, v, ω неизвестны. Мы ничего о них не можем сказать. Априорные предположения вроде «они близки к единице», «они нечеткие», и другие в том же духе, ни к чему конструктивному не ведут.

Однако мы можем вычислить область истинности силлогизма бабушки и определить границы, в которых должны быть заключены параметры μ, ν, ω, чтобы силлогизм бабушки был строго истинным в том же смысле, в каком истинны классические силлогизмы Аристотеля.

Это позволяют сделать решение задачи Δ и теорема 2.

План действий такой: 1) сформулируем задачу Δ для силлогизма бабушки и решим ее. 2) Запишем, опираясь на теорему 2, необходимое и достаточное условие истинности силлогизма бабушки. 3) Подставим найденное решение задачи Δ в это условие и найдем область истинности силлогизма бабушки.

Выполнив эти действия, мы решим поставленную задачу: найдем класс всех истинных силлогизмов, которые ассоциируются с силлогизмом бабушки.

Заметим, что план этот годится не только для силлогизма бабушки, но и вообще для любого неклассического силлогизма, который являет собой частный случай обобщенного силлогизма $\mathbf{AC} \to \mathbf{BC}$.

Прежде всего установим вид эйдосов $\widetilde{\mathbf{A}}, \widetilde{\mathbf{B}}, \widetilde{\mathbf{C}}$ для силлогизма бабушки, записанного в форме $\widetilde{\mathbf{A}}\widetilde{\mathbf{C}} \to \widetilde{\mathbf{B}}\widetilde{\mathbf{C}}$. Если принять во внимание (3.90), (3.91) и (3.92), эйдосы $\widetilde{\mathbf{A}}, \widetilde{\mathbf{B}}, \widetilde{\mathbf{C}}$ имеют вид:

$$\widetilde{\mathbf{A}} = \begin{pmatrix} \mu \leq P_n(b|a) \leq 1; \mu \leq P_n(c|b) \leq 1 \\ 0 \leq P_n(a|b) \leq 1; 0 \leq P_n(b|c) \leq 1 \end{pmatrix}$$

$$\widetilde{\mathbf{B}} = \begin{pmatrix} \nu \leq P_n(c|a) \leq 1 \\ 0 \leq P_n(a|c) \leq 1 \end{pmatrix}$$

$$\widetilde{\mathbf{C}} = \begin{cases} 1/n \leq \omega \leq P_n(a) \leq 1 \\ 1/n \leq \omega \leq P_n(b) \leq 1 \\ 1/n \leq \omega \leq P_n(c) \leq 1 \end{cases}$$

$$(3.93)$$

Здесь учтено, что, хотя о величинах $P_n(a|b)$, $P_n(b|c)$, $P_n(a|c)$ формулировка силлогизма бабушки умалчивает, но неявно они существуют в силлогизме бабушки и при любых обстоятельствах находятся в границах единичного отрезка $\sigma = [0,1]$.

Сравнивая (3.93) и (3.80), находим значения параметров, при которых задача Δ для обобщенного силлогизма $\mathbf{AC} \to \mathbf{BC}$ переходит в задачу Δ для силлогизма бабушки:

$$\mathbf{A} \Rightarrow \tilde{\mathbf{A}} \; npu \begin{pmatrix} \omega_{a \to b} = \omega_{b \to c} = \mu; \; \theta_{a \to b} = \theta_{b \to c} = 1 \\ \omega_{b \to a} = \omega_{c \to b} = \mu; \; \theta_{b \to a} = \theta_{c \to b} = 1 \end{pmatrix}$$

$$\mathbf{B} \Rightarrow \tilde{\mathbf{B}} \; npu \begin{pmatrix} \omega_{a \to c} = v; \; \theta_{a \to c} = 1 \\ \omega_{c \to a} = 0; \theta_{c \to a} = 1 \end{pmatrix} \qquad (3.94)$$

$$\mathbf{C} \Rightarrow \tilde{\mathbf{C}} \; npu \; (\omega_a = \omega_b = \omega_c = \omega; \; \theta_a = \theta_b = \theta_c = 1$$

Подставив эти значения в систему ограничений (3.74) задачи Δ для обобщенного силлогизма $\mathbf{AC} \to \mathbf{BC}$, получаем искомую задачу Δ.

Задача Δ силлогизма бабушки. Отыскать экстремумы

$$\tilde{\Psi}_{a \to c}^{-} = \min_{\mathfrak{I}} P_n(c|a), \tilde{\Psi}_{a \to c}^{+} = \max_{\mathfrak{I}} P_n(c|a),$$
$$\tilde{\Psi}_{c \to a}^{-} = \min_{\mathfrak{I}} P_n(a|c), \tilde{\Psi}_{c \to a}^{+} = \max_{\mathfrak{I}} P_n(a|c), \qquad (3.95)$$

двух дробно-линейных функций

$$P_n(c|a) = \frac{n_1 + n_2}{n_1 + n_2 + n_3 + n_4}, \quad P_n(a|c) = \frac{n_1 + n_2}{n_1 + n_2 + n_5 + n_6} \qquad (3.96)$$

на множестве всех восьмёрок неотрицательных целых чисел $n_1, n_2, \dots, n_8$, удовлетворяющих такой системе ограничений $\mathfrak{I}$:

$$\tilde{A} = \begin{cases} (\mu - 1)n_1 + \mu n_2 + (\mu - 1)n_3 + \mu n_4 \leq 0 \\ (\mu - 1)n_1 + \mu n_3 + (\mu - 1)n_5 + \mu n_7 \leq 0 \end{cases}$$

$$\tilde{C} = \begin{cases} -n_1 - n_2 - n_3 - n_4 \leq -\omega n \leq -1 \\ -n_1 - n_3 - n_5 - n_7 \leq -\omega n \leq -1 \\ -n_1 - n_2 - n_5 - n_6 \leq -\omega n \leq -1 \end{cases} \qquad (3.97)$$

$$\hat{U}_{3,N_n} = \begin{cases} n_1 + n_2 + n_3 + n_4 + n_5 + n_6 + n_7 + n_8 = n \\ n_i \geq 0, i = 1, 2, \dots, 8. \end{cases}$$

Если $\mu = 1$ и $\omega = 1/n$, система (3.97) переходит в (3.84), а задача Δ силлогизма бабушки – в задачу Δ силлогизма **Barbara.**

В работах [07], [70] показано: величины $\widetilde{\Psi}_{a\to c}^{-} = \min_{\mathfrak{J}} P_n(c|a)$, $\widetilde{\Psi}_{a\to c}^{+} = \max_{\mathfrak{J}} P_n(c|a)$, которые надо вычислить в задаче Δ, равны

$$\widetilde{\Psi}_{a\to c}^{-} = \max\left\{0,\ 2 - \frac{1}{\omega}, 1 - (1 - \mu)\left(\mu + \frac{1}{\omega}\right)\right\}, \widetilde{\Psi}_{a\to c}^{+} = 1. \quad (3.98)$$

Убедиться в этом можно, воспользовавшись алгоритмом симплекс-метода с поправкой на то, что оптимизируемая функция $P_n(c|a)$ не линейная, как обычно, а дробно-линейная, о чём свидетельствует (3.96). Используемые здесь вычислительные операции просты, но их организация не элементарна. Процедура вычисления громоздкая, я ее не привожу. Доказательство того, что (3.98) есть решение задачи Δ для силлогизма бабушки, приведено в работе [71].

Необходимое и достаточное условие (3.77) истинности обобщенного силлогизма **AC → BC** в случае силлогизма бабушки имеет вид

$$\begin{cases} v \le \widetilde{\Psi}_{a\to c}^{-} \le \widetilde{\Psi}_{a\to c}^{+} \le 1 \\ 0 \le \widetilde{\Psi}_{c\to a}^{-} \le \widetilde{\Psi}_{c\to a}^{+} \le 1 \end{cases} \quad (3.99)$$

Здесь все неравенства, кроме первого в верхней строке, тривиальны и выполняются всегда. Поэтому условие (3.99) принимает вид

$$v \le \widetilde{\Psi}_{a\to c}^{-} \quad (3.100)$$

Это объясняет, почему в данном случае, решая задачу Δ, можно ограничиться только отысканием величины $\widetilde{\Psi}_{a\to c}^{-} = \min_{\mathfrak{J}} P_n(c|a)$.

Подставляя в (3.100) величину $\widetilde{\Psi}_{a\to c}^{-}$, указанную в (3.98), получаем искомую область истинности (3.101) силлогизма бабушки (3.88):

$$v \le \max\left\{0,\ 2 - \frac{1}{\omega},\ 1 - (1 - \mu)\left(\mu + \frac{1}{\omega}\right)\right\}. \quad (3.101)$$

Любая комбинация параметров μ, v, ω, удовлетворяющая этому неравенству, дает вариант истинного силлогизма. Тем самым задача «указать класс всех истинных силлогизмов, ассоциируемых с силлогизмом бабушки», решена.

§ 3.36. Три вида истинных силлогизмов

В логике, опирающейся на феноменологию диалогов, различаются три вида следствий в силлогизмах: тавтология, тривиальное следствие, нетривиальное следствие. Соответственно, истинные силлогизмы делятся на силлогизмы, представляющие *тавтологию, тривиальную истину* и *нетривиальную истину*.

Это различение возникает здесь как непосредственный результат вычислений.

Рассмотрим в качестве примера силлогизм бабушки.

Решение (3.98) задачи Δ для этого силлогизма совместно с необходимым и достаточным условием истинности (3.100) показывает, что все варианты следствия $\bar{\mathbf{B}}$ этого силлогизма, при которых силлогизм остается истинным, даются тройным неравенством

$$v \leq \max\left\{0,\ 2-\tfrac{1}{\omega},\ 1-(1-\mu)\left(\mu+\tfrac{1}{\omega}\right)\right\} \leq P_n(c|a) \leq 1.\ (3.102)$$

Отсюда видно, что истинный силлогизм бабушки это в действительности бесконечное множество истинных силлогизмов, отвечающих разным сочетаниям параметров ω, μ, v, удовлетворяющих соотношению (3.102).

Каждому конкретному сочетанию параметров ω, μ соответствует серия истинных силлогизмов бабушки, различающихся значениями параметра v, которые допускает левое неравенство в (3.102). Назовем ее v-серией.

Из двух силлогизмов v-серии более сильным следствием, по определению, обладает тот, у которого v больше. В любой v-серии истинных силлогизмов есть самый сильный силлогизм, у которого самое сильное следствие, отвечающее максимально допустимому значению v. Согласно (3.102) максимально сильные следствия $\tilde{\mathbf{B}}$ силлогизма бабушки имеют вид

$$\max\left\{0, 2 - \frac{1}{\omega}, 1 - (1 - \mu)\left(\mu + \frac{1}{\omega}\right)\right\} P_n(c|a) \leq 1 \quad (3.103)$$

Отсюда следует, что бывает три вида следствий. Они соответствуют случаям, когда какая-то из трех функций 0; $2 - 1/\omega$; $1 - (1 - \mu)(\mu + 1/\omega)$ в фигурных скобках (3.103) больше двух остальных.

Три типа наиболее сильных следствий представляют собой *тавтологию*, *тривиальное следствие* и *нетривиальное следствие*:

$$\text{тавтология} : 0 \leq P_n(c|a) \leq 1;$$
$$\text{тривиальная истина} : 2 - \frac{1}{\omega} \leq P_n(c|a) \leq 1; \quad (3.104)$$
$$\text{нетривиальная истина } 1 - (1 - \mu)\left(\mu + \frac{1}{\omega}\right) \leq P_n(c|a) \leq 1.$$

Первое сверху двойное неравенство названо *тавтологией*, потому что оно выполняется всегда, независимо ни от чего. Просто в силу того, что функция $P_n(c|a)$ есть дробно-линейная функция вида (3.96). Силлогизм бабушки с таким следствием представляет утверждение, справедливое при любой посылке, т.е. тавтологию.

Второе сверху двойное неравенство названо *тривиальной истиной*. Причина менее очевидна, но все же достаточно элементарна. Следствие этого типа возникает оттого, что эйдосы a, c, вынуждены входить друг в друга, так как их суммарный объем превышает объем гештальт-матрицы, принятый за единицу. Объемы $P_n(a)$, $P_n(c)$,

$P_n(ac)$, эйдосов a, c, ac связаны с принятым за 1 объемом гештальт-матрицы очевидным неравенством:

$$P_n(a) + P_n(c) - P_n(ac) \leq 1 \qquad (3.105)$$

Поделим обе части на $P_n(a)$ и запишем результат в форме

$$1 + \frac{P_n(c)}{P_n(a)} - \frac{1}{P_n(a)} \leq P_n(c|a) \qquad (3.106)$$

Здесь учтено, что $P_n(c|a) = P_n(ac)/P_n(a)$. Заменив объемы $P_n(a)$ и $P_n(c)$ минимальными значениями ω, получим

$$2 - \frac{1}{\omega} \leq P_n(c|a) \qquad (3.107)$$

Это и есть второе сверху неравенство в (3.104). Теперь совсем просто понять, почему такое следствие истинного силлогизма бабушки представляет *тривиальную истину*.

Силлогизм бабушки, как и вообще любой силлогизм, объясняет взаимодействие эйдосов a, c через взаимодействие каждого из них с эйдосом b. Это так называемый *силлогистический эффект*. Силлогизм нетривиален (представляет нетривиальную истину), когда есть силлогистический эффект.

Но, как мы только что видели, возникновение неравенства (3.107) вообще никак не связано с эйдосом b. Силлогистического эффекта здесь нет. Поэтому следствие (3.107) силлогизма тривиально, а силлогизм с таким следствием представляет тривиальную истину.

И, наконец, последнее двойное неравенство в (3.104) заключает в себе силлогистический эффект и потому представляет нетривиальную истину, о чем говорит то, что параметр μ входит в него явно.

Еще раз обращаю внимание, что разделение силлогизмов на представляющих *тавтологию*, *тривиальную истину* и *нетривиальную истину* есть результат систематической вычислительной процедуры, которая, в свою очередь, есть результат перехода от многозначной логики к двузначной.

Когда μ стремится к единице, нетривиальное следствие силлогизма бабушки переходит в следствие

$$1 \leq P_n(c|a) \leq 1 \tag{3.108}$$

силлогизма **Barbara**. При этом сам силлогизм бабушки переходит в силлогизм **Barbara** при условии, что ω → 1/n.

На основании (3.103) в координатах ω, μ можно выделить три области, в каждой из которых любому сочетанию параметров ω, μ соответствуют силлогизмы *v*-серий, представляющих только тавтологию, только тривиальные силлогизмы или только нетривиальные силлогизмы.

Способ отыскать границы этих областей очевиден из (3.103): нужно посмотреть, при каких значениях параметров ω, μ одна из трех функций 0; $2 - \frac{1}{\omega}$; $1 - (1 - \mu)(\mu + 1/\omega)$ оказывается больше двух других. Области с найденными таким образом границами показаны на рисунке 3.5.

Рис. 3.5. Три вида истины силлогизма бабушки: тавтология, тривиальная истина, нетривиальная истина.

Во всех точках прямой $\mu = 1$ посылка и следствие силлогизма бабушки переходит в посылку и следствие силлогизма **Barbara**. Эта прямая находится, как и следовало ожидать, в области нетривиальной истины при любом допустимом $\omega \geq 1/n$. Напомню, что, согласно системе ограничений $_5$ в задаче Δ, минимальное значение параметра ω на рисунке не 0, а $1/n$.

Область 2 тривиальной истины возникает при $\omega > 1/2$. Это согласуется с тем, что о тривиальной истине сказано выше.

Любопытно, что значение параметра μ, характеризующее точку, где сходятся все три вида истины, есть «золотое сечение»:

$$\mu = \frac{\sqrt{5}-1}{2} \approx 0{,}618 \qquad (3.109)$$

§ 3.37. Эффект семантической свободы в логике естественного языка

Силлогизм бабушки (3.89) относится к числу логических законов, отражающих важное свойство логики естественного языка – семантическую свободу языковых понятий, описывающих взаимодействие эйдосов.

В формулировке этого силлогизма используются слова *почти все, многие, нередко*. Их смысл определяется параметрами μ, v, ω, соответственно. Смысл этот неопределенный. Невозможно раз и навсегда установить, что *почти все* следует говорить только когда $\mu = 0{,}95$ или что-то в этом роде. То же относится к словам *многие* и *нередко*.

Всякая привязка смысла к конкретному значению каждого из параметров μ, v, ω была бы ограничением семантической свободы. В естественном языке такие ограничения не приживаются.

Тем не менее, область (3.101) истинности силлогизма бабушки устанавливает границы семантики понятий *почти все, многие, нередко*, которые обладают замечательным свойством.

Приезжий, бармен, бабушка бармена могут, как и вообще любой человек, иметь свои понятия о том, в каких случаях следует употреблять слова *многие, нередко, почти все*, а в каких не следует. И это понимание у каждого из них может не совпадать с тем, что думают о том же другие. Но есть любопытный факт, установить который помогает задача Δ в сочетании с теоремой 2. Если параметры ω, μ, v, связаны соотношением

$$v \leq 1 - (1 - \mu)\left(\mu + \frac{1}{\omega}\right), \qquad (3.110)$$

то силлогизм бабушки представляет нетривиальную логическую истину в глобальном универсуме, независимо от особенностей индивидуальной семантики, которой следует каждый человек. Истину столь же безупречную, как и та, которую представляет классический силлогизм **Barbara**.

Формулируя силлогизм бабушки, люди пользуются семантической свободой. Но если эта свобода укладывается в пределы, обозначенные неравенством (3.110), она не мешает пользоваться логическими истинами и *обмениваться ими, не конкретизируя индивидуальную семантику*. Логика (на примере силлогизма бабушки в данном случае) сохраняет свою роль носителя надличностных истин в языке, несмотря на семантическую свободу.

Эффект семантической свободы в логике естественного языка на примере силлогизма бабушки подробно разобран в работах [70], [71].

§ 3.38. Задача о трех кругах Эйлера

В переводе на геометрический язык, использованный Эйлером при изложении классической силлогистики, задача Δ для обобщенного силлогизма есть задача о трех произвольно пересекающихся деформируемых кругах Эйлера. Деформируемость означает, что форма кругов значения не имеет, что было очевидно, судя по всему, и самому Эйлеру. Вместо кругов с тем же успехом можно рассматривать любые фигуры произвольной формы, топологически эквивалентные кругам, и даже не обязательно связные.

В общем виде задача о трех кругах формулируется так.

Дан прямоугольник единичной площади и вписанные в него три деформируемых круга a, b, c объемы которых произвольны в заданных ограничениях. Даны ограничения на включение круга a в круг b и круга b в круг a, а также круга b в круг c и круга c в круг b. Найти ограничения на включение круга a в круг c и круга c в круг a.

Общее решение задачи о трех кругах дается решением задачи Δ для обобщенного силлогизма при произвольных значениях пятнадцати параметров, участвующих в формулировке системы $\mathfrak{I}$ ограничений (3.74). Это решение получено в работе [08]. Оно громоздкое, и я не привожу его здесь, отсылая читателя к оригиналу.

Случай силлогизма бабушки удобен для демонстрации связи между задачей Δ и задачей о трех кругах Эйлера. Он показывает, что даже в сравнительно простых случаях решение задачи о трех кругах Эйлера нетривиально.

Задача о трех кругах, эквивалентная задаче Δ для силлогизма бабушки, ставится так.

Внутри прямоугольника, площадь которого принята за единицу, даны три круга Эйлера a, b, c. Минимальная площадь каждого из кругов a, b, c равна $\omega > 0$. Пусть доля круга a в круге b не меньше μ и доля круга b в круге c также не меньше μ. Спрашивается, какова минимальная доля $\Psi^-_{a \to c}$ круга a, которая при названных условиях может находиться в круге c?

Ответ:

$$\Psi^-_{a \to c} = \max\left\{0, 2 - \frac{1}{\omega}, 1 - (1 - \mu)\left(\mu + \frac{1}{\omega}\right)\right\} \quad (3.111)$$

Этот ответ получен выше, как решение (3.98) задачи Δ для силлогизма бабушки.

Таким образом, существует очевидная связь между неклассической силлогистикой и геометрической задачей о пересечениях трех фигур произвольной формы, вписанных в прямоугольник единичной площади.

Во времена Эйлера понятия «объем понятия», «отношения между понятиями», «квантифицирующие суждения Аристотеля» использовались как базовые понятия логики. А круги Эйлера, площади кругов, отношения между кругами воспринимались лишь как необязательные геометрические метафоры, облегчающие понимание фундаментальных положений логики, объекты которой находятся в «другом, метафизическом пространстве».

Открытие Вертгеймера в 1912 году, массовая практика оперирования матрицами данных, клетки которых суть эмпирические эквиваленты гештальтов, и феноменология диалогов привели к пониманию, что круги Эйлера отнюдь не вспомогательные метафоры. Они суть зримое воплощение фундаментальных математических объектов, которые лежат в основе точной теории силлогистики и логики вообще. Той логики, что не терпит разрыва с феноменологией сознания и, в частности, с феноменологией естественного языка.

Отправной пункт такой логики – феноменология диалогов, где реплики мыслятся как гештальты. Здесь круги Эйлера обрели математически точный смысл. Они, естественно, вошли в математический аппарат как образы эйдосов.

Площади кругов выражают объемы эйдосов. Объемы эти имеют точный физический смысл, тесно связанный с представлениями о роли гештальтов в организации сознания и мышления.

Правильный учет объемов эйдосов, участвующих во взаимодействии, естественно приводит к математическому аппарату многозначной логики, позволяющему вычислять истинность высказываний, которые претендуют на то, чтобы называться законами логики.

Как естественный частный случай многозначной логики возникает логика двузначная. Математический аппарат многозначной логики органично переходит в соответствующий аппарат двузначной логики, связь которого с идеями Канторовича демонстрирует задача Δ в обобщенной двузначной силлогистике.

§ 3.39. Эмпирическое и логическое в логике естественного языка

В рассмотренных выше примерах с силлогистикой эйдосы a, b, c которые входят в силлогизмы, порождены гештальт-матрицами (сериями диалогов) повседневной жизни. Они представляют непосредственно воспринимаемый мир, будь то мир людей, животных, мир неживой природы или мир внутренних переживаний и ощущений.

Так или иначе, это мир непосредственного опыта, понимаемого весьма расширительно. Поэтому будем говорить об эйдосах a, b, c как об эйдосах *эмпирических*. Мир, который они представляют, это мир эмпирический, данный в опыте. Неважно, складывается этот опыт из событий, предлагаемых судьбой, повседневной жизнью, или же это события, наблюдаемые в специально организованных экспериментальных ситуациях.

Логика занимается общими законами взаимодействия эйдосов эмпирического мира. Но при этом ее *не интересует* содержание эйдосов эмпирического мира. Оно может быть *любым*. Что именно характеризуют эти эйдосы, — мир неживой природы, животный мир, людей, или их сознание, — это логике тоже абсолютно безразлично.

В этом «безразличии» есть глубокий социальный смысл. Представляя систему знаний, по отношению к которой персональная свободная воля любого человека не значит ровным счетом ничего, детерминационная логика в то же время *не нарушает свободу воли* в формировании эйдосов, образующих персональную картину мира любого человека. И это возможно именно потому, что логика оставляет свободным содержание эйдосов.

Силлогистика рассматривает всего три эмпирических эйдоса *a*, *b*, *c*. В других видах логических законов это число может быть другим.

Любой силлогизм **AC → BC** связывает высказывание **A** о точности и полноте правил $a \to b$, $b \to c$ (посылка) с высказыванием **B** о точности и полноте правила $a \to c$ (следствие) при заданных ограничениях **C** на объемы эмпирических эйдосов *a*, *b*, *c* (контекст).

Все варианты взаимодействия эмпирических эйдосов a, b, c (а значит и все возможные высказывания о правилах $a \rightarrow b$, $b \rightarrow c$, $a \rightarrow c$, и объемах эйдосов, a, b, c), которые в принципе могут быть реализованы в мире, сводятся к некоторым классам разложений целого числа n в восьмерку неотрицательных целых чисел

$$n_1 + n_2 + n_3 + n_4 + n_5 + n_6 + n_7 + n_8 = n \quad (3.112)$$

Связь чисел $n_1, n_2, \ldots, n_8$ с взаимодействием эмпирических эйдосов a, b, c в гештальт-матрицах объема n показана на диаграмме с кругами Эйлера слева на рисунке 3.6 (см. также таблицу (3.27) и рисунок 3.2).

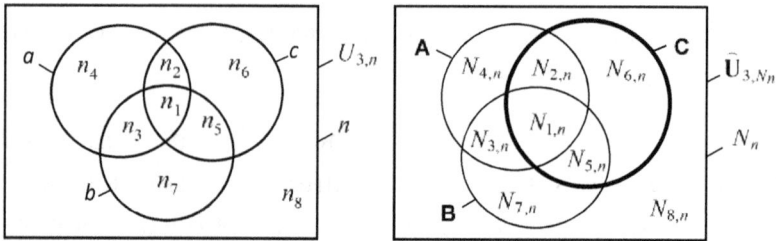

Рис. 3.6. Слева: круги Эйлера для эмпирических эйдосов a, b, c, взаимодействующих в гештальт-матрице $U_{3,n}$. Справа: круги Эйлера для логических эйдосов **A**, **B**, **C**, взаимодействующих в локальном универсуме (метаматрице) $\hat{U}_{3,N_n}$ порядка n.

Истинность же силлогизма **AC** $\rightarrow$ **BC** определяется восьмеркой неотрицательных целых чисел $N_{1,n}, N_{2,n}, \ldots, N_{8,n}$, представляющих разложение числа N_n, которое есть объем локального универсума $\hat{U}_{3,N_n}^*$, в котором действует силлогизм **AC** $\rightarrow$ **BC**:

$$N_{1,n} + N_{2,n} + N_{3,n} + N_{4,n} + N_{5,n} + N_{6,n} + N_{7,n} + N_{8,n} = N_n. \quad (3.113)$$

Связь чисел $N_{1,n}, N_{2,n}, \ldots, N_{8,n}$ с взаимодействием *логических* эйдосов, **A**, **B**, **C** в локальном универсуме объема N_n показана на диаграмме с кругами Эйлера справа на рисунке 3.6 (см. также таблицу (3.52) и рисунок 3.3).

Сопоставим правую и левую диаграммы на рисунке 3.6. Бросается в глаза аналогия между описанием эмпирических эйдосов a, b, c и описанием взаимодействия логических эйдосов **A**, **B**, **C**.

Но очевидно и принципиальное отличие, обусловленное радикально различными свойствами чисел $n_1, n_2, \ldots, n_8$ в разложении (3.112) и чисел $N_{1,n}, N_{2,n}, \ldots, N_{8,n}$ в разложении (3.113).

Замечание. Читатель, знакомый с тем, как в современной математике образуются иерархии математических структур, может усмотреть в переходе от описания эмпирических эйдосов к описанию эйдосов логических параллель с типичным в математических теориях переходом от структуры множества к структуре множества его подмножеств.

Однако при описании перехода от уровня эмпирического к уровню, на котором осуществляется вычисление логической истинности, язык теории множеств неудобен.

Формальные аксиоматические конструкции современной теории множеств недостаточно учитывают тот факт, что гештальт-матрица — это феноменологический прототип, исчерпывающе предопределяющий математическую интуицию конечного множества. Это не нашло отражения в аксиоматике современной теории множеств, где роль целых чисел в построении конечных множеств артикулирована недостаточно четко. Где феноменологически сложный объект, каким является конечное множество, преподносится в виде простого, интуитивно очевидного. Где феноменологически простой объект эйдос должен выражаться через сложное понятие отношения эквивалентности, определяемое через рефлексивность, симметричность и транзитивность, внутренне противоречивое с феноменологической точки зрения.

Я не хочу здесь развивать эту тему. Она требует детализации и, по-моему, заслуживает внимательного обсуждения в профессиональном сообществе математиков.

§ 3.40. Истина эмпирическая и истина логическая

Целые неотрицательные числа $n_1, n_2, ..., n_8$ в разложении (3.112), смысл которых показан на рисунке 3.6 слева, характеризуют в конечном итоге восприятие человеком эйдосов a, b, c в окружающем мире. Это восприятие может быть истинным, либо ложным в том смысле, что оно может соответствовать либо не соответствовать тому, что действительно имеется в мире.

Речь идет об истине эмпирической. Слова истина либо ложь здесь обозначают соответствие, либо несоответствие опыту. Метод проверки – выборочное исследование, опирающееся на измерение.

В таких проверках всегда возникают ошибки измерений и ошибки выборки. Их можно уменьшить. Можно договориться не обращать на них внимания. Но исключить их нельзя. Все измерения содержат ошибку, все выборки дают знания со статистическими погрешностями. Исключение составляют тривиальные случаи, представляющие разве что сугубо локальный интерес. Числа $n_1, n_2, ..., n_8$ определяются с погрешностями, кратными единице натурального ряда.

В конечном итоге проверка эмпирической истины всегда сопровождается некоторой ошибкой.

Числа $N_{1,n}, N_{2,n}, ..., N_{8,n}$, напротив, могут быть вычислены безошибочно, абсолютно точно, и это очень интересно. Вычисления могут быть сопряжены с большими вычислительными трудностями, но такие трудности всегда преодолимы. Пример с силлогистикой свидетельствует об этом определенно. В случаях других логических законов эта безошибочная вычислимость также сохраняется.

Причина очевидна. Числа $N_{1,n}, N_{2,n}, \ldots, N_{8,n}$ учитывают все возможные варианты чисел $n_1, n_2, \ldots, n_8$, безотносительно к тому, реализуются эти варианты в воспринимаемой нами части мира, или нет.

Числа $N_{1,n}, N_{2,n}, \ldots, N_{8,n}$ определяют логическую истинность — точность правила типа **AC → BC**, которое представляет всякое высказывание, претендующее на роль логического закона. Возможность вычислить эти числа безошибочно означает, что, *в отличие от эмпирической истинности, логическая истинность может быть вычислена абсолютно точно.*

Знания эмпирические, данные непосредственным восприятием любого конкретного индивида, когда выбор объекта восприятия продиктован ограниченными вариантами проявления свободной воли этого индивида, всегда подвержены ошибкам. Знания логические, учитывающие все возможные варианты выбора объектов восприятия, где свободная воля проявляет себя всеми возможными способами, ошибкам не подвержены.

Факт, что такие знания существуют, известен с древних времен. От этого он не становится менее удивительным, так как *он воочию демонстрирует существование надличностных начал в любом индивидуальном сознании.*

§ 3.41. Персональные картины мира и их социализация

Для каждого человека есть два радикально различных источника персональных знаний: серии невербальных диалогов, когда репликами служат произвольные образы мира. И серии языковых диалогов, в которых вербальные реплики сочетаются с невербальными.

Действуя вместе, оба эти источника рождают личностную, персональную картину мира. Люди по-разному воспринимают происходящее с ними, с другими людьми, с внешним миром.

Разнообразие персональных картин мира относится к фундаментальным гуманитарным ценностям, поддерживающим жизнеспособность общества. Право на личностный характер знаний охраняется всем строем естественного языка. Это норма, даже если она негласная. Каждый человек так или иначе отстаивает эту норму для себя даже в тех удивительных, но часто встречающихся случаях, когда он отрицает аналогичное право за другими.

Не только гуманитарные знания носят личностный характер.

Профессиональные знания в области точных наук (физики, математики) требуют подчинения надличностным началам. Они не терпят личностного произвола. Но и эти знания, как и гуманитарные, рождаются и делают первые шаги под защитой личностных представлений о мире. *Парадокса нет: Начальная точка всех знаний – личностно окрашенная персональная картина мира* [72].

Лишь когда личностная картина прошла первоначальное оформление в индивидуальном сознании, она начинает развиваться во взаимодействии с личностными картинами других людей. Это социальный процесс.

Люди передают свои фрагменты знаний другим, получая от других, в свою очередь то, что найдено ими. И только после этого в развитии знаний наступает (если наступает, – а может и не наступить) момент, когда какие-то фрагменты знаний получают социальное признание, приобретают черты знаний внеличностных, имперсональных.

Так или иначе, в создании знаний выделяются два процесса, перманентно возобновляемые из поколения в поколение: *формирование персональных картин мира и социализация этих картин.*

§ 3.42. Истинность эмпирических знаний

Применительно к эмпирическим знаниям идея истинности чаще всего формулируется как идея соответствия знаний реальности, фактам. Другими словами, эмпирические знания считаются «истинными», если они «соответствуют опыту». Сознание тоже реальность, поэтому идея истины как соответствия опыту распространяется и на эмпирические знания, предмет которых сознание.

Истину, критерий которой формулируется как соответствие наблюдаемым фактам, опыту, будем называть эмпирической истиной.

Общеизвестно, что любой наблюдаемый факт есть выборка из более широкой генеральной совокупности фактов. Зная закон отбора, в некоторых случаях можно оценить точность, с какой по выборке можно узнать о генеральной совокупности.

Выборка, не совпадающая с генеральной совокупностью, не дает точных знаний о генеральной совокупности. Всегда есть ошибка, не равная нулю.

Простой пример. Сейчас вечер 3 февраля 2021 года. На экране компьютера Home page сайта US Census Bureau http://www.census.gov/. Там специальный счетчик показывает «точное» число жителей Земли» на данный момент. 19 часов 55 минут израильского времени, и счетчик сообщает: население Земли в эту минуту составляет 7 740 559 028 человек. Через минуту данные обновятся.

Точная ли это цифра? — Нет. Это *приблизительное число жителей планеты*. На сайте оно выглядит точным, но это не так. Точное число не знает никто. Почему, легко представить. Мало ли матерей рожают в одиночестве? И разве мало людей в полном одиночестве, отходящих в мир иной? Кто о них знает?

Есть и другие причины, по которым безошибочность знания о числе жителей планеты недостижима.

Для примера: чтобы, просматривая на текущую минуту, сколько из почти восьми миллиардов жителей Земли женщин, а сколько – мужчин, со скоростью два человека в секунду, пришлось бы потратить больше ста лет, чтобы просмотреть шесть с половиной миллиардов людей. А ведь определить точное число жителей нужно на каждую данную минуту. Авторитетность Home page US Census Bureau в мире опирается на чрезвычайно сложную и красивую технологию работы с информацией о составе жителей планеты. Эта технология минимизирует ошибки, но не может их устранить.

§ 3.43. Логические знания как особый род знаний

В формировании персональных картин мира кроме эмпирических знаний участвуют *логические знания*. Логические знания – это *особый род знаний*. Они отличаются от эмпирических знаний. Отличия кардинальны.

Отличие №1. *Предмет логических знаний – гештальт-матрицы. Объекты эмпирических знаний – материальные объекты внешнего мира.* Их разнообразие бесконечно, оно определяется потенциально неограниченной комбинаторикой атомов, образующих физические тела. *Объекты логических знаний*

– *гештальт-матрицы, специфические объекты внутреннего мира.* Их разнообразие четко ограничено и определяется всего двумя параметрами: размерностью m и объемом n.

Отличие №2. *Гештальт-представление гештальт-матрицы однозначно.* Почти всякий объект материального мира в персональных картинах мира может быть представлен бесконечно вариативными наборами гештальтов. Одна из причин – бесконечная вариативность в разбиении любого материального объекта на части. Напротив, набор гештальтов, представляющих гештальт-матрицу размерности m и объема n, строго однозначен. В нем точно заданное количество гештальтов, равное $2n(m + 2)$ (без учета столбца, определяющего плотность меры, содержащего еще $2n$ гештальтов).

Отличие №3. *Однозначная структура универсума.* Универсум любого общего закона логики есть метаматрица, структура которой описывается однозначно. *Истинность любого логического высказывания вычислима без какой бы то ни было ошибки. В противовес этому универсум любого общего закона природы есть мир, структура которого не задана однозначно.* Мы не знаем, что происходит на очень далеких, хоть и конечных расстояниях от нашей планеты. Поэтому истинность законов природы всегда потенциально гипотетична, коль скоро речь идет о самых широких универсумах этих законов.

Отличие №4. *Ненужность выборочного метода.* Непохожесть логических знаний на эмпирические еще и в том, что *человеческое сознание способно анализировать универсумы логических высказываний любого конечного объема, не прибегая к выборочному методу.* Причем результатом анализа оказываются *безошибочные* суждения об объемах эйдосов в универсумах логических законов.

Так, например, мы видели, что в рамках обобщенной силлогистики в локальном универсуме любого порядка n можно строго вычислить истинность

$$\mathbf{P}_{N_n}(\mathbf{BC}|\mathbf{AC}) = N_n(\mathbf{ABC})/N_n(\mathbf{AC}) \qquad (3.114)$$

обобщенного силлогизма $\mathbf{AC} \to \mathbf{BC}$. Объем N_n универсума может быть очень большим, но это не помеха для получения точного знания об объемах эйдосов $\mathbf{A}, \overline{\mathbf{A}}, \mathbf{B}, \overline{\mathbf{B}}, \mathbf{C}, \overline{\mathbf{C}}$ и их произвольных комбинаций.

Объемы логических универсумов могут быть чрезвычайно большими. Как показывает (3.31), в случае обобщенной силлогистики объем N_n локального универсума порядка n растет как седьмая степень n:

$$N_n \approx \frac{n^7}{5040}. \qquad (3.115)$$

Например, если $n = 1000$, то $N_n \approx 2 \times 10^{17}$ Если представить это число как число секунд, то определяемый им интервал времени больше, чем возраст Земли, составляющий 5 миллиардов лет.

Выше было показано, что в метаматрице, содержащей такое чудовищное число различных гештальт-матриц, человеческое сознание способно абсолютно *безошибочно* найти число $N_n(\mathbf{ABC})$ гештальт-матриц, в которых реализуется посылка и следствие силлогизма $\mathbf{AC} \to \mathbf{BC}$, а также число $N_n(\mathbf{AC})$ гештальт-матриц, в которых реализуется посылка $\mathbf{AC}$ этого силлогизма. Поделив, согласно (3.114), одно на другое, мы получаем истинность силлогизма $\mathbf{AC} \to \mathbf{BC}$ в локальном универсуме. А значит, в конечном итоге, и в глобальном.

В отличие от эмпирической истинности, логическая истинность может быть вычислена безошибочно для сколь угодно больших локальных (и кумулятивных) универсумов конечного объема. Этим истина логическая в корне отлична от истины эмпирической.

§ 3.44. Имперсональность логической истины

Логическая истина имперсональна, тогда как истина эмпирическая содержит неустранимый элемент персональности.

В обыденной жизни бывает сложно установить общее мнение относительно того, что считать «одним и тем же». Не говоря о свойствах «одного и того же». И дело не только в праве любого человека отрицать все, что говорит кто-то другой. Дело в принципе.

Даже в систематических экспериментах то, что дано через непосредственное восприятие, несет на себе печать персональных особенностей зрения, слуха, осязания, обоняния.

Элемент персональности любой эмпирической истины неустраним. Его можно «упрятать» в «ошибки измерения». Можно сделать эти ошибки малыми. Можно даже договориться считать их нулевыми, приять такую конвенцию. *Но ошибки в установлении эмпирической истины все равно неустранимы. С ними неустранима и персональность.*

В противоположность этому *логическая истинность вычисляется точно*. Все необходимые для проведения таких вычислений свойства локальных и кумулятивных универсумов любого сколь угодно большого конечного порядка n устанавливаются безошибочно.

То есть *ошибка в вычислениях, конечно, возможна. Соответственно, возможен неверный результат. Но такая ошибка всегда может быть точно обнаружена и устранена. Она не будет отражать устройство мира. Только неаккуратность или недостаточную квалификацию того, кто проводил вычисления. Такая ошибка в принципе устранима. В отличие от ошибок в определении эмпирических истин, которые неустранимы в принципе.*

В этом *принципиальная имперсональность логической истины.* Будучи раз твердо установленной, логическая истина не меняется. Ее существование не зависит от чьей-либо воли.

§ 3.45. Логическая и эмпирическая истины в логике естественного языка

В логических построениях естественного языка обе истины – эмпирическая и логическая – сосуществуют.

В любом логическом утверждении **АС → ВС** *истина посылки* **А**, *истина следствия* **В** *и истина контекста* **С** *суть истины эмпирические.* Их формулировки могут соответствовать или не соответствовать миру, данным опыта.

Истина же логическая это истина соответствия посылки **В** *следствию* **А** *в контексте* **С**. *Суть этой истины в том, что правило* **АС → ВС**, *коль скоро оно представляет такую истину, обязано быть абсолютно точным в кумулятивном универсуме любого порядка* n. Эта констатация определяет собой закон, которому подчинено взаимодействие эйдосов, формирующих эмпирическое восприятие мира. Но *вопрос о том, какой конкретно смысл несут эти эйдосы, если их принимать как знаки реальных событий в мире, происходящих в реальном пространстве-времени, – этот вопрос вообще никак не связан с логической истиной.*

Выше мы убедились, что *эмпирическая истина в выводе логической истины никак не участвует. Истинность либо ложность силлогизма устанавливается безотносительно к эмпирической истинности, либо ложности посылки силлогизма и его следствия.* Их отношение к миру «здесь и сейчас» не имеет значения. И это естественно.

Логическая истина дает общие законы взаимодействия эйдосов. Законы эти действуют безотносительно к эмпирическому содержанию эйдосов. Гештальты, которыми формируются эйдосы, могут представлять собой любые образы мира.

Смысл образов, создаваемый ассоциативными связями эйдосов между собой, также может быть любым.

Логика не ограничивает смысл эйдосов в персональных картинах мира. Этот смысл остается свободным для всех и каждого.

В этом проявляется важное свойство логики. Будучи системой имперсональных, надличностных знаний, она не нарушает свободу воли людей при формировании личностных смысловых полей в персональных картинах мира.

В системе логических знаний истину эмпирическую и истину логическую необходимо различать. У них радикально разные области применения в естественном языке, разные функции в системе человеческих знаний. Смешивать их нельзя. Это влечет неприятные последствия, как научные, так и социокультурные.

Факт, однако, состоит в том, что такое смешение стало нормой в математическом аппарате современной математической логики. Это было заложено в самом начале формирования этого направления математической мысли, когда оно только-только возникло под именем логистики на рубеже XIX и XX столетий.

§ 3.46. Роль логики естественного языка в расширении персональных картин мира

Логика расширяет знания в персональных картинах мира.

Обычно такое расширение происходит за счет коммуникативных возможностей естественного языка.

Но логика позволяет большее: при объединении фрагментов знаний логика дополняет их новыми фрагментами, возникающими *только благодаря логике*.

Фрагменты, возникшие в системе знаний за счет логики, обладают замечательным свойством: они эмпирически согласуются с миром *в той же степени, в какой эмпирически согласуются с миром объединяемые фрагменты*.

В этом отношении показательна силлогистика.

Рассмотрим пример того, как за счет силлогистики могут возникать новые фрагменты знаний при объединении фрагментов, которыми обладают разные люди.

Пример взят из книги «Логика или искусство мыслить» [27] (La logique, ou l'art de penser). Книга издана впервые в 1662 году в Париже. Ее авторы богословы Антуан Арно (Antoine Arnauld, 1612-1694) и Пьер Николь (Pierre Nicole, 1625-1695).

Допустим, некто N знает, что есть довольные люди (*b*), которые бедны (*a*). А некий NN знает, что ни один несчастный (*c*) не доволен (*b*).

Объединив эти два фрагмента, N и NN расширят каждый свою персональную систему знаний, дополнив свой фрагмент знаний фрагментом, воспринятым от другого. Это расширение происходит за счет коммуникации.

Но силлогистика предлагает им способ не останавливаться на этом, а расширить получившуюся систему знаний еще больше.

Среди классических истинных силлогизмов Аристотеля по четвертой фигуре есть силлогизм **Fresison**[19]:

Если некоторые b суть a, и ни одно c не   (3.116)
есть b, то некоторые a не есть c.

Фрагменты *есть довольные люди (b), которые бедны (a), и ни один несчастный (c) не доволен (b)* можно рассматривать как посылку этого силлогизма. Тогда силлогизм **Fresison** примет вид:

Если есть довольные люди (b), которые бедны (a),
и ни один несчастный (c) не доволен (b), то есть   (3.117)
бедные (a), которые не несчастны (c).

На этом основании N и NN могут внести в свою систему знаний следствие этого силлогизма: *есть бедные, которые не несчастны.*

Фрагмента *есть бедные, которые не несчастны* первоначально не было в системах знаний N и NN. Он возник только благодаря логике.

Причем заключенное в нем знание соответствует действительности ровно в той мере, в какой действительности соответствует знание, заключенное в посылке силлогизма: *есть довольные люди, которые бедны и ни один несчастный не доволен.* Эмпирическая истинность следствия силлогизма такая же, как эмпирическая истинность его посылки.

---

[19] В книге Арно и Николь [27] латинское название этого силлогизма **Fresisom**.

Причем силлогизм (3.116) представляет логическую истину безотносительно к тому, какова эмпирическая истинность посылки этого силлогизма в каком-либо конкретном случае.

У каждой их двух типов истины своя роль в мире. Истина эмпирическая обслуживает построение персональных знаний о мире. Истина логическая призвана собирать знания, полученные разными людьми, в единую систему.

§ 3.47. Практический смысл расширенной силлогистики Аристотеля

Задачу «вычислить истинность обобщенного силлогизма $AC \to BC$ в соответствующем универсуме» назовем *проблемой Аристотеля* (в случае двузначной логики проблема сводится к решению задачи Δ).

Подытоживая, укажем ситуации, когда решение проблемы Аристотеля играет практическую роль.

Ситуация 1. Человек знает о связи эйдосов a, b по личному опыту. На основе личного опыта он знает также о связи эйдосов b, c. Имея эти знания, он хочет узнать о связи между эйдосами a, c. Точное решение этой проблемы сводится к решению проблемы Аристотеля[20].

Ситуация 2. Человек не владеет опытом непосредственного восприятия эйдосов a, b, c. Но он узнал о правилах $a \to b, b \to a, b \to c, c \to b, a \to c, c \to a$, читая тексты и общаясь с другими людьми. Человек хочет узнать, нет

---

[20] Читатель, знакомый с современной алгеброй, может подумать, что в такой постановке эта проблема есть частный случай проблемы отношений, обладающих либо не обладающих свойствами транзитивности. Такой ход мысли, будучи формально правильным, не ведет к расширенной силлогистике.

ли в системе этих правил противоречий. Решение этой проблемы сводится к решению проблемы Аристотеля.

<u>Ситуация 3.</u> В хранилище данных хранятся матрицы данных, полученные путем экспериментов либо опросов. По одной из них можно оценить связь между эйдосами a, b. Другая содержит сведения о связи между эйдосами b, c. Матрица, где эйдосы a, c встречались бы вместе, отсутствует. Требуется оценить связь эйдосов a, c Точная постановка этой задачи сводится к проблеме Аристотеля.

<u>Ситуация 4.</u> Планету (или дно океана) исследует коллектив роботов. Одни исследуют эйдосы a, b, но не эйдос c. Другие исследуют эйдосы b, c, но не эйдос a. Тем и другим нужны данные о связи эйдосов a, c (например, для организации собственной безопасности). Чтобы получить такие данные, нужно решить проблему Аристотеля.

Впервые задача о коллективе роботов на незнакомой планете, соединяющих свои локальные знания в единую (общую) картину с помощью расширенной силлогистики, поставлена в работе [70].

§ 3.48. Судьба силлогистики Аристотеля

Силлогистика была создана Аристотелем в четвертом веке до н.э. Полторы тысячи лет она провела в редких библиотеках и немногих изысканных умах Европы и арабского Востока. Около тысячи лет назад, в начале второго тысячелетия новой эры силлогистика прочно вошла в европейскую культуру. Силлогистика Аристотеля предвосхитила и затем сопровождала Возрождение, участвуя в создании современной науки. Этому способствовали труды Альберта Великого (Albert von Bollstadt, он же Albertus Teutonicus, Albertus Magnus, Doctor universalis, ок. 1193/1207–1280) и Петра Испанского (Petrus Hispanus, ок. 1210–1277).

О Петре Испанском сказано выше. Альберт Великий был реформатор церковного образования. Он добился, чтобы христианские теологи изучали силлогистику в богословских школах. Силлогистика получила институциональную поддержку со стороны догматически ориентированного мышления. Это способствовало сохранению общественного внимания к ней в эпоху Ренессанса и в последующий период становления современной науки.

Вместе с тем догматичность ослабила общественный авторитет диалогичности, заложенной в силлогистике античной философией и культурой сократических бесед. Той диалогичности, при которой гарантом рождения ценностей, способных стать общезначимыми и общественно полезными, выступает только отдельный человек с его персональной судьбой и свободной волей.

Список имен ученых, причастных силлогистике и внесших свой вклад в ее развитие, велик. Помимо упоминавшихся Альберта фон Больштедтского, Петра Испанского и Леонарда Эйлера среди них ученый-энциклопедист Аль-Фараби (870-950), философ, врач и поэт Авиценна (Ибн-Сина, около 980-1037), арабский философ, врач и естествоиспытатель Аверроэс (Ибн Рушд, 1126-1198), Готфрид Лейбниц (1646-1716), английский логик, математик и писатель Чарльз Доджсон (1832-1898), больше известный как Льюис Кэрролл, автор «Алисы в стране чудес» и «Алисы в Зазеркалье», и многие другие.

История силлогистики полна драматических коллизий, вызванных культурными доминантами умонастроений в разные эпохи.

Радикальный перелом в трактовке оснований силлогистики Аристотеля произошел на рубеже 19 и 20 веков в связи с формированием современной математической логики, которая тогда называлась логистикой.

Наиболее полно точку зрения, сменившую традиционную, выразил польский математик Ян Лукасевич (Łukasiewicz, Jan 1878-1956) в книге «Аристотелевская силлогистика с точки зрения современной формальной логики» [73].

Он предложил аксиоматику, из которой выводятся все истинные силлогизмы Аристотеля. Эта аксиоматика отличается от приведенной выше аксиоматики ℵ, отражающей феноменологию диалогов.

В концепции Лукасевича нет места для феноменологии диалогов. Она исключает фундаментальную роль гештальтов и эйдосов в логике естественного языка. Следуя этой концепции, невозможно обнаружить факты, касающиеся обширных классов истинных неаристотелевских силлогизмов, обнаруженные в работах [07], [08], обзор которых приведен выше. Концепция Лукасевича исключает исчисление многозначной истинности силлогизмов общего вида. В ее рамках невозможно создать многозначную логику, не вводя многозначность априори.

Глава 4. Направления развития

§ 4.01. Спектр направлений

В заключение хочу обратить внимание на наиболее, с моей точки зрения, перспективные направления развития высказанных в трех предыдущих главах идей и полученных на их основе результатов. Это:

- Орфография белков
- Язык дельфинов
- Теория и практика баз данных
- Функционирование мозга
- Построение и социальное закрепление знаний в языке
- Натуральные основания социальных теорий
- Основания геометрии

Все они относятся к разным областям знаний. Разным как по предмету, так и по профессиональным умениям, необходимым для практического участия в развитии.

Но у них есть нечто общее. Все они могут (а я убежден – и должны) рассматриваться как разделы общей теории фундаментального взаимодействия через язык, через реплики. Взаимодействия, дополнительного к тем, которыми занимается современная физика. Того взаимодействия, что ассоциируется с жизнью, живой природой.

Все они в той или иной мере страдают от отсутствия такого интегрирующего взгляда на их проблематику.

Современная теоретическая физика рассматривает любое взаимодействие материальных тел как обмен элементарными частицами. Электромагнитные взаимодействия – обмен фотонами. Ядерное взаимодействие – обмен пионами.

Живые существа взаимодействуют, обмениваясь репликами.

«Элементарными частицами» реплики не назовешь. Реплики не элементарны. Репликой может быть любой образ, в том числе очень сложный, состоящий из практически неограниченного количества других, не менее сложных образов.

Это всегда рассматривалось как непреодолимая преграда к тому, чтобы усматривать в репликах фундаментальные «элементарные частицы», носители взаимодействия, представляющего жизнь.

Открытие гештальтов внесло сюда существенные коррективы. Реплики не элементарны вне сознания.

А внутри сознания они суть элементарные объекты, гештальты, первоэлементы мышления и языка.

Это согласуется с тезисом Михаила Бахтина (1895-1975), опубликованным в 1953 году, что именно реплики (а не слова, не лексика) суть первоэлементы речи [74].

В тексте этой работы я постарался, следуя импульсу, данному идеями Вертгеймера, Гуссерля и Бахтина показать, что следствия такой точки зрения затрагивают самые глубинные структуры человеческого познания: основания математики и логики.

Принятие этих следствий во всей полноте требует пересмотреть привычные представления о природе элементарности. Это трудно, но игра стоит свеч.

Для меня это способ приблизиться, к тому, чтобы осознать разум как полноправное явление природы. Как ветер и дождь. Перестать считать его надмирной сущностью, не обязанной своим происхождением окружающему миру.

Я убежден, что от такого осознания сам разум не потеряет ничего, о чем стоит сожалеть. Напротив, станет сильнее, добрее, человечнее.

Я надеюсь, это приблизит нас, людей, к более ясному пониманию проблем, касающихся роли и места разума в картине мироздания. Тех проблем, что с позиций натуралиста наиболее последовательно, ясно и полно сформулированы Владимиром Вернадским (1863–1945) в работах цикла «Живое вещество» [75], в книге «Научная мысль как планетное явление» [76] и в статье 1943 года «Несколько слов о ноосфере» [77].

Далее привожу некоторые дополнительные доводы в пользу того, что такой ход мысли может иметь самые неожиданные и весьма плодотворные последствия.

§ 4.02. Орфография белков

Взаимодействие через обмены репликами возможно благодаря белкам, из которых строятся тела живых существ, включая мозг. Белки, в свою очередь, это цепи аминокислот, линейные цепи, напоминающие тексты, где буквы – аминокислоты. Их всего двадцать. Когда они в белках, их называют «аминокислотными остатками». Белковые тексты образуют сложные конфигурации в пространстве.

Функции белка зависят от того, как аминокислотный текст «скручен» в пространстве. Зависят – как? Этим интересуется огромное число исследователей.

В этой связи вот что интересно. Как и буквы в обычных текстах, аминокислотные остатки в линейных структурах белков расположены не случайно. «Буквы», белка «держат» друг друга, создавая тем самым не случайный порядок в последовательности. Положение каждой из них детерминируется конфигурациями других. Соседними, либо удаленными. У белков есть своя орфография.

То, что детерминационный анализ позволяет находить и эффективно исследовать правила орфографии в англоязычных текстах, Филипп Люэльсдорф и я обнаружили еще в начале 90-х [41], [42], [43].

«Орфографические» правила в белках были обнаружили я и мой сын Кирилл Резник в конце 90-х, когда мы исследовали структуру белков под названием GABA-рецепторы [47]. Обнаруженные правила были точными (не имели опровержений в данной базе белков) и имели такой вид:

> *Если в каком-либо белке заданной базы белков есть конфигурация «букв» α_r, состоящая из r «букв», то с вероятностью 1 на строго определенном расстоянии от нее в том же белке имеется конфигурация «букв» β_s, состоящая из s «букв».* (4.1)

Причем если не принимать во внимание хотя бы одну «букву» из конфигурации α_r, правило (4.1) исчезает.

Под «буквой» имеется в виду аминокислотный остаток, т.е. какая-то из 20 аминокислот, занимающая определенную позицию в линейной структуре белка. Под «конфигурацией» букв имеется в виду комбинация букв, как соседствующих, так и, возможно, удаленных друг от друга.

Проверка показала, что правила не были случайными. Кроме того, они были точными, т.е. не имели исключений. Причем если хоть одну букву из детерминирующей конфигурации α_r удалить, правило переставало быть точным, исчезало. Последнее ограничение нетривиально.

Оказалось, что таких правил очень много. В базе из 500 белков, образующих текст суммарной длины примерно в 200 тысяч «букв», число правил типа (4.1) исчисляется десятками миллионов.

Наличие орфографии белков нельзя объяснить волей случая. При случайном перемешивании аминокислотных остатков в белках эти правила в подавляющем большинстве исчезают.

Случайных правил примерно в два раза больше, чем не случайных (натуральных). Однако 98% случайных правил имеют минимальный объем v, равный 1 (т.е. каждое такое правило выполняется лишь в одном случае из одного). На оставшиеся 2% приходятся правила объема 2. Правил большего объема практически нет.

В живых белках правил объема 1 не более одной трети. При этом 60% правил имеют объем 3 и больше. А 12% правил имеют объем 5 и более. В некоторых случаях объем неслучайных правил превышает 100, т.е. правило подтверждается в 100 случаях из 100.

Эффект с незначительными вариациями наблюдается как в базах с похожими (гомологичными) белками, так и в базах, где белки не гомологичны, т.е. не похожи друг на друга. Иными словами объяснить существование правил только похожестью (гомологичностью) цепочек «букв» (аминокислотных остатков), нельзя.

Я назвал это явление «эффект позиционной детерминации аминокислот в белках», сокращенно – ПДА-эффект [47], [48], [49], а сами правила орфографии – ПДА-правилами.

Просматривая на этот предмет множество баз белков, я обнаружил интересную особенность ПДА-правил.

Диапазоны, в которых находится количество r «букв» детерминирующей конфигурации α_r, в случайных и неслучайных правилах совпадают.

Ситуацию иллюстрирует экспериментальный график на рисунке 4.1.

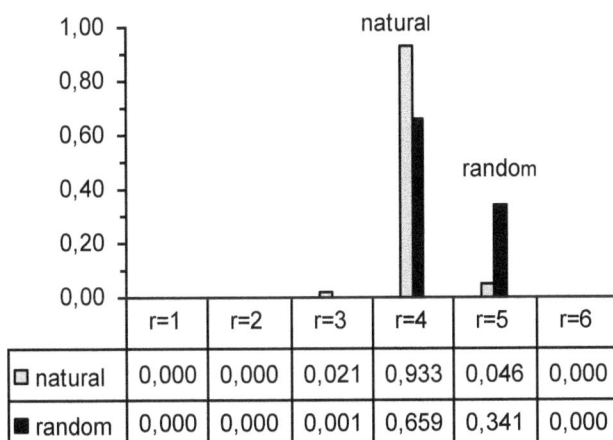

	r=1	r=2	r=3	r=4	r=5	r=6
□ natural	0,000	0,000	0,021	0,933	0,046	0,000
■ random	0,000	0,000	0,001	0,659	0,341	0,000

Рис. 4.1. Доли ПДА-правил с количеством «букв» r в детерминирующих конфигурациях в натуральной базе natural и random–копии той же базы. В обоих случаях $3 \leq r \leq 5$ $3 \leq r \leq 5$.

Белые столбики (natural) описывают базу натуральных белков Proteolysis and peptidolysis, Homo sapiens. База получена на сайте SMART по состоянию на 15.01. 2005, по запросу «GO terms query = Proteolysis and peptidolysis», «Taxonomic selection = Homo sapiens». Она содержит 496 протеинов, суммарная длина которых составляет 210536 «букв». Черные столбики описывают ту же базу, где в каждом белке «буквы» тщательно перемешаны случайным образом.

И в том, и в другом случае были вычислены *все* правила, связывающие каждую букву с ее шестью ближайшими соседями (по три слева и справа). В натуральной базе было обнаружено 524232 правила. В random-копии той же базы было 1067720 правил.

Причем это были *разные* правила. И в той, и в другой базе детерминирующие конфигурации правил могли иметь от 1 до 6 «букв». Но оказалось, что в обеих базах эти конфигурации содержат только от 3 до 5 «букв». В обоих случаях диапазон численности «букв» детерминирующей конфигурации оказался один и тот же: $3 \leq r \leq 5$.

Этот экспериментальный факт говорит в пользу гипотезы об эволюционном происхождении ПДА-правил: *ПДА-правила в белках живых организмов возникли путем естественного отбора случайных правил, гарантирующих функции, способствующие «выживанию» белка.*

Нужно учитывать, что в живых организмах синтез белков осуществляется по схеме ДНК $\Rightarrow$ РНК $\Rightarrow$ белок. Следовательно, помимо орфографии белков должны существовать орфографии ДНК и РНК. Причем ПДА-правила в белках, с одной стороны, и в ДНК, РНК – с другой, должны быть тесно взаимосвязаны.

ПДА-правила существенно ограничивают комбинаторику «букв» в текстах белков, которыми «написаны» живые организмы. Точно так же, как правила орфографии ограничивают комбинаторику букв в человеческих текстах. Но происхождение правил различное.

В белках живых организмов ПДА-правила несут информацию, во-первых, о физико-химических свойствах аминокислот, «букв». Во-вторых, ПДА-правила несут информацию о функциях белков.

Физико-химические свойства ограничивают разнообразие образуемых «буквами» комбинаций, и тем самым участвуют в формировании ПДА-правил. В природе могут существовать только те комбинации аминокислотных остатков, которые не запрещены законами физики. Из них природа отбирает ПДА-правила, которые обеспечивают функции, необходимые для поддержания жизни организмов.

Чтобы основательно понять роль физико-химических свойств аминокислот и роль функций белка в формировании ПДА-правил, нужны дополнительные исследования.

Это лишь один пример, когда феноменология диалогов (поскольку детерминационный анализ ее прямое следствие) способна внести вклад в фундаментальную проблематику физических основ жизни.

Другой пример: оказывается, что в натуральных белках любая «буква» белка связана ПДА-правилами со всеми другими буквами того же белка. Это было выяснено в ходе исследований, проведенных в июле-августе 2004 года мной и профессором Алексеем Терских при поддержке факультета наук о жизни (Faculté des Sciences de la Vie) университета города Лозанны (Ecole Polytechnique Fédérale de Lausanne (EPFL), Швейцария).

Для каждого белка можно построить матрицу связей между всеми аминокислотными остатками этого белка, каждого аминокислотного остатка с каждым другим.

Плотность связей в этой матрице указывает на «функционально насыщенные» участки белка. Получение такого рода результатов требует скрупулезной аналитической работы и больших вычислительных мощностей. Необходимое для этого программное обеспечение было создано компанией «Контекст Медиа» под моим руководством.

Третий пример. Сопоставление белков по заложенным в них ПДА-правилам дает возможность сопоставлять белки по функциональной похожести, не вырезая «мешающие» куски, как это делается сейчас при проведении биоинформационных исследований на базе методов выявления гомологий. ПДА-эффект приводит к заведомо более гибким методам исследования функциональной похожести белков, чем те, что применяются в современной практике, когда белки сопоставляют «побуквенно» и не принимается во внимание, что смена всего одной «буквы» может радикально изменить функцию белка или его части.

Проблемы орфографии белков (как и проблемы орфографии ДНК и РНК), ждут своего подробного изучения и решения. Я не сомневаюсь, что рано или поздно необходимые для этого исследования получат развитие и приведут к полезным теоретическим и практическим результатам.

§ 4.03. Язык дельфинов

Белки похожи на человеческие тексты. Но правильнее говорить, что человеческие тексты похожи на белки. Природа распорядилась так, чтобы принципы структуры языковых текстов, сопровождающих развитие высших форм жизни, копировали принципы структуры белковых текстов, которые поддерживают жизнь на фундаментальном уровне. Причем это характерно не только для человеческих текстов, но и текстов, которые производят животные. Например, дельфины.

В сборнике «Поведение и акустика китообразных» (1987) были опубликованы 155 последовательностей сигналов, которыми обменивались белухи (род дельфинов) во время охоты на рыбу в одном из заливов акватории Белого моря [78]. Общая длина последовательностей составляла 1949 сигналов. Акустическая активность животных фиксировалась гидрофонами с берега. С помощью специальных акустических анализаторов были выделены 10 типов сигналов. Они образовали «словарь», которым (с точки зрения наблюдателя) пользовались животные, общаясь друг с другом во время охоты:

Словарь сигналов	Коли-	%
0. Удар (удар хвостом, гидро-сигнал)	830	42.6
1. Ближний обзор (локация)	279	14.3
2. Общий обзор (локация)	100	5.1
3. Захват (захват рыбы, локация)	135	6.9
4. УЯА (визг, коммуникативный сигнал)	186	9.5
5. Ы-ЫУ (звук, коммуникативный сигнал)	107	5.5
6. Урчание (звук, эмоциональный сигнал)	121	6.2
7. Писк (звук, эмоциональный сигнал)	76	3.9
8. Свист (звук, эмоциональный сигнал)	64	3.3
9. ИУ, ИП (звуки, эмоциональные сигналы)	51	2.6
Всего	1949	100

В начале 90-х сотрудники Лаборатории морской биоакустики Института океанологии РАН, собравшие эти данные, обратились к нам, небольшой группе тех, кто развивал идеи и технологию детерминационного анализа, с просьбой провести повторный анализ полученных ими данных в надежде продвинуться к более ясному пониманию, как устроена языковая активность беломорских дельфинов.

С помощью детерминационного анализа было обнаружено, что в последовательностях сигналов, издаваемых животными, одни сигналы предопределяют появление других. Стало ясно, что акустическая активность животных имеет свою семантику, и «толковый словарь» правил этой семантики может быть найден.

Вот некоторые примеры таких правил, найденные тогда. Последовательности событий слева направо отражают последовательность во времени. Точность каждого правила приведена в процентах в столбце Точность. Детерминирующие события разделены знаком ▪. В скобках возле каждого события стоит число, выражающее вклад этого события в точность правила. Число показывает, на сколько процентов уменьшится точность, если детерминирующее событие не принимать во внимание.

Правила поведения на охоте («начало» = начало акустической активности)	Точность (%)	Число подтверждений
Ы-ЫУ {53} ▪ ⟹Удар	95	102 из 107
▪УЯА {26} ▪ближний обзор {79} ▪ ⟹Удар	94	17 из 18
удар {6} ▪УЯА {18} ▪ближний обзор {85} ▪ ⟹Удар	100	16 из 16
▪начало {27} ▪писк {45} ▪ ⟹Удар	94	31 из 33
▪начало {7} ▪удар {1} ▪УЯА {8} ⟹Удар	93	69 из 74
Начало {39} ▪УЯА {24} ▪Удар {12} ▪⟹коммуникативный сигнал	90	18 из 20
▪Удар {65} ▪писк {84} ▪удар {33} ▪⟹эмоциональный сигнал	100	5 из 5
Ближний обзор {67} ▪свист {45} ▪⟹ локация	100	5 из 5

Пример груб, не содержит детальной информации о том, как общаются беломорские белухи во время охоты. Но я не ставлю такую задачу, иллюстрируя лишь тип результатов.

Грубость и кажущаяся предсказуемость результатов в данном случае объяснимы. Словарь сигналов беден. В нем упущены многие детали. Наблюдатель не видел, что происходит под водой. Многие детали происходящего не фиксировались, не отслеживалась синхронность акустических сигналов с событиями, на фоне которых эти сигналы имели место.

В данном случае важен принцип. Паттерны сигналов должны строиться более тщательно, с учетом большего числа деталей. К ним нужно добавить паттерны событий, сопровождающих акустическую активность животных. Нужно фиксировать диалоги животных во всей их полноте. И тогда результатом будет толковый словарь языка дельфинов.

Я уверен в этом по многим причинам. Это длинный разговор. Но самая простая причина очевидна.

При колоссальном внимании массы исследователей к акустической активности дельфинов путь поиска и анализа правил семантики словаря, которым обладает язык дельфинов, с использованием детерминационного анализа, до сих пор в мире не был пройден никем.

Приведенный пример лишь один из аргументов, что путь этот ведет к успеху. При всем величии того, что сделали Жак Ив Кусто, Майоль, другие исследователи дельфинов, они не смогли сделать главного: расшифровать их язык. Не смогли, потому что у них не было такого инструмента, каким является детерминационный анализ, опирающийся на феноменологию диалогов.

Центральная проблема языка дельфинов – наличие глагола. Есть он, или его нет в языке этих животных? Это вопрос о том, к какому типу следует отнести язык дельфинов.

Обеспечивает ли он общение дельфинов только в плоскости настоящего? Или дельфины могут вносить в настоящее образы прошлого и будущего? Транслируют ли дельфины культурные навыки сообщества только через генетические механизмы и сиюминутную передачу опыта одного животного другому? Или они могут создавать трансляцию культурных навыков через языковую память в языковых коммуникациях?

Наиболее информативны в этом отношении как раз правила, связывающие сигналы животных с сопровождающими событиями. Чтобы их найти, нужна специальная аппаратура, позволяющая вести съемки, не травмируя животных, быстро строить паттерны визуальных и акустических образов, и вводить их в анализ. Требуется тщательная синхронизация событий. Нужно также расширить круг методов детерминационного анализа, идеи здесь абсолютно понятны, нужна лишь работа.

Этому был посвящен мой доклад [52] в биологическом музее имени Тимирязева в Москве на Малой Грузинской в доме 15. Утром 1 марта 1994 года мы с Линой, моей женой спешили в этот музей на организованную нами и нашими друзьями конференцию, где удалось собрать представителей российских дельфинологов.

Но какая там «аппаратура», «методы», «подводные съемки», «синхронизация»? На выходе из метро «Краснопресненская», что рядом с музеем Тимирязева, на куче мусора лежал труп замерзшей в ту ночь женщины. Его некому было убрать и похоронить. Кто-то из прохожих прикрыл его куском рваного картона. Дул ледяной ветер, все спешили мимо. Как и мы.

§ 4.04. Теория и практика баз данных

Любая база данных состоит из матриц данных. Таблиц, связанных между собой. Каждая матрица представляет свой тип объектов. Скажем, в пассажирской авиации есть аэродромы. В базе данных авиакомпании это одна таблица со своей системой признаков. Есть взлетные полосы с их характеристиками – это другая таблица. Есть самолеты, летчики, пассажиры, диспетчеры, системы продажи билетов и т.д. Много разных типов объектов. Каждый тип представлен своей матрицей данных, своей таблицей. Объекты взаимосвязаны, как они взаимосвязаны в жизни. Соответственно, взаимосвязаны и матрицы данных.

Взаимосвязанность объектов отражена в общем названии баз данных, – они называются *реляционными* (relational databases) от *relation* - отношение, связь, зависимость.

Люди научились строить надежные реляционные базы данных, которые хранят сведения об объектах, их истории, так что их (эти сведения) в случае необходимости легко найти и увидеть в удобной для восприятия и передачи другим людям форме. В развитых странах такие базы, обеспечивают контакты корпораций с их клиентами, обслуживают работу системы здравоохранения, налогообложения, социальной защиты и т.д.

Теоретическая основа реляционных баз данных создана в шестидесятые годы британским математиком Эдгаром Коддом (Edgar F. Codd, 1923 - 2003) [79]. Он по праву считается отцом-основателем современной индустрии баз данных.

Эта индустрия одна из самых активно развивающихся областей современного мира. Базы данных пронизывают жизнь современной цивилизации.

Лет тридцать назад[21] я обратил внимание на две проблемы, вырастающие из сопоставления технологии создания баз данных со свойствами обыденного сознания людей.

Нет ничего более естественного для человеческого мозга, чем хранить в памяти все нужных для поддержания обыденной жизни объекты с их специфическими характеристиками.

Тем не менее, создание в компьютере сложной базы данных «с нуля» доступно только тем, кто имеет специальные знания в области теории баз данных и программирования. Так сложилось исторически, по воле истории технического прогресса. Вся система понятий, которая обслуживает создание, ведение, анализ баз данных в компьютерах, отделена барьером от обыденных понятий, которые знакомы людям в повседневности. Это одна проблема.

Другая проблема. Средства разработки реляционных баз устроены так, что инструменты анализа информации, содержащейся в этих базах, зависят от структуры базы. Их нужно создавать для каждой базы отдельно. Наш мозг любой вновь воспринятый объект легко подвергает анализу совместно с данными о других объектах. Но в базах данных не так.

В жизни часто бывает, что потребности тех, кто пользуется базами данных, меняются. В структуру баз приходится вносить изменения. Но как только меняется структура базы, добавляются новые объекты, новые показатели, нужно производить дополнительную настройку средств анализа. И это также доступно лишь специалистам, оплата труда которых ложится часто тяжелым бременем на тех, кому нужны базы данных для жизни и для работы.

---

[21] Это относилось к 2008 году, когда была издана первая версия этой книги.

Нельзя ли сделать так, чтобы создание баз данных стало простым делом для самых обычных людей, не являющихся специалистами в области IT и программирования? Нельзя ли упразднить подстройку средств анализа под изменившуюся структуру баз?

Создавая в 1989 году компанию Контекст Медиа, я поставил целью решить обе эти проблемы.

К началу 2008 года это было сделано. Мне и моим коллегам удалось разработать инструменты, пользуясь которыми создавать и анализировать реляционные базы данных могут даже те люди, кто не знает теорию баз данных, не владеет специальными IT-знаниями, не умеет программировать. Кроме того, мы сумели сделать так, что средства анализа любой базы данных возникают автоматически, как только создана пустая оболочка базы.

Возникшая на этой основе технология аналитических баз данных (*DA-технология*) приобрела известность благодаря полученным на ее основе прикладным результатам. Это прежде всего серия универсальных коробочных пакетов класса DA-система для массового пользователя.

Кроме того, это крупные информационно-технологические проекты на базе DA-технологии. Самые интересные из них – общенациональные территориально-распределенные медицинские регистры, обслуживающие диагностику и лечение таких болезней, как диабет, муковисцидоз, детские болезни крови, иммунной системы и онкологии, ревматические болезни детей и взрослых.

Но это внешняя, прикладная сторона. Внутренняя же, малозаметная извне, но важная в сущностном плане, состояла в том, что для решения названных выше задач пришлось пересмотреть не только принципы разработки реляционных баз, но и их теорию.

Оказалось, что основной объект теории баз данных не «поле», куда заносятся данные, не «документ» или «кортеж данных». Не «отношение» в смысле высшей алгебры. А Словарь Переменных, привязанный к определенному типу объектов.

Пользователи создают базы данных, управляют ими, анализируют их, пользуясь Словарем Переменных, который сами создают для своих информационных потребностей. Именно это обеспечивает легкость, с какой созданные мною и моими сотрудниками инструменты создания баз, их заполнение и анализ осваиваются теми, кто имеет не только естественно-научный, но и гуманитарный склад ума.

Два конструктивных теоретических момента скрываются за возможностью сделать это качество наших инструментов реальностью.

Первый: любую таблицу базы можно рассматривать как значение особого типа переменной. Мы (я имею в виду коллектив нашей компании) назвали её на нашем внутреннем языке «векторной переменной».

Второй момент состоит в том, что расширенный таким образом Словарь Переменных есть точный феноменологический прототип словаря вербальных и невербальных реплик естественного языка.

Оба эти момента диктуются феноменологией диалогов.

Оба они проясняет глубокую связь между гештальт-теорией сознания и теорией баз данных.

Оба содержат огромный потенциал развития теории и практики баз данных на этой новой основе.

И оба они ведут к установлению более ясных параллелей между теорией компьютерных баз данных и теорией мозга.

§ 4.05. Функционирование мозга

Насколько могу судить по личным встречам и обсуждениям со специалистами, исследования мозга распадаются на две практически несвязанные области.

Одна концентрирует внимание на материальной, клеточной основе, поддерживающей функционирование мозга.

Другая изучает внешние проявления деятельности мозга, отражающие мышление и языковую активность. Центральная проблема – разрыв между этими двумя группами экспериментальных фактов.

Есть реальный шанс, что гипотеза об основополагающей роли гештальт-матриц в организации работы мозга выдвинутая в свое время профессором Ротенбергом и мной [05], способна сократить этот разрыв.

Надеюсь, продемонстрированные в этой книге, очевидные связи между феноменологией диалогов, гештальт-матрицами и фундаментальными операциями, поддерживающими мышление и язык, могут послужить аргументом в пользу такой точки зрения.

Я выделяю три первоочередные исследовательские проблемы.

Первая. Что физически представляет собой сайт локализации единичного гештальта в ткани мозга?

Вторая. Каким образом физически ткань мозга обеспечивает фиксацию устойчивой ассоциативной связи между эйдосами?

Третья. Как практически происходит сепарация миллионов однозначных связей между эйдосами, стабильная основа функционирования любого организма?

Из этих вопросов следует веер других. Но именно здесь источник недвусмысленных ответов на поставленные вопросы. Двигаясь по этому пути, мы формируем твердую почву для понимания связи между законами физики материального мира и законами «физики логоса» [19], теми законами, что управляют взаимодействием эйдосов, оставляя при этом любого человека полностью свободным в праве видеть мир таким, каким он считает возможным и необходимым его видеть и ощущать.

§ 4.06. Несколько слов о схеме Бернулли

Для дальнейшего необходим небольшой экскурс в известные результаты Якоба Бернулли (Jacob Bernoulli, 1654-1705), полученные более трехсот лет назад. Результаты, ставшие одним из краеугольных камней современной математической статистики.

Исторически первой работой, объясняющей начала, на которых строится восприятие объемов эйдосов, была книга Якоба Бернулли «Искусство предположений» (Ars Conjectandi) [80], опубликованная в 1713 году, через 7 лет после смерти автора. В ней впервые была поставлена и решена задача об основаниях, на которых может и должно строиться исследование целого по его части.

Бернулли рассмотрел случай, когда целое это большая (так называемая *генеральная*) совокупность объектов, обладающих либо не обладающих некоторым свойством *a*, тогда как часть, по которой исследуется целое, представляет случайную выборку из этой совокупности, как показано на рисунке 4.2. Причем выборку «с возвращением»: каждый объект, взятый в выборку, после обследования и фиксации

212

его свойств тут же возвращается обратно в генеральную совокупность.

Задача, поставленная и решенная Бернулли, состоит в том, чтобы по известной доле p^* объектов со свойством a в выборке узнать о доле p объектов, обладающих свойством a в генеральной совокупности.

Генеральная совокупность U_N объема N

Рис. 4.2. В генеральной совокупности свойство a (см. заштрихованный кружок слева) имеет неизвестную частоту $p = N(a)/N$. В выборке то же самое свойство (заштрихованный кружок справа) с вероятностью $\mathbf{P}_n(k)$ (см. ниже формулу 4.2) имеет частоту $p^* = n(a)/n \equiv k/n$.

Среди случайно отобранных из генеральной совокупности n объектов будет какое-то количество $n(a)$ обладающих свойством a. Бернулли показал (сейчас логика его рассуждений на этот счет стала хрестоматийным примером), что вероятность того, что число $n(a)$ равно заданному числу k в диапазоне от $k = 0$ до $k = n$, равна

$$\mathbf{P}_n(k) = \frac{n!}{k!(n-k)!} p^k (1-p)^{n-k} \qquad (4.2)$$

Это известное *распределение Бернулли*, которое называют также *биномиальным распределением*.

Доля $p^* = k/n$ объектов, обладающих свойством a в выборке, будет, вообще говоря, отлична от доли p объектов, обладающих свойством a в генеральной совокупности. Причина — случайные факторы. Причем разность $p^* - p$ по абсолютной величине может быть весьма значительной.

В качестве меры статистической ошибки, с которой, по значению частоты p^* в случайной выборке объема n можно судить, какова величина p в генеральной совокупности, естественно принять средний квадрат $\overline{(p^* - p)^2}$ разности $p^* - p$.

Используя распределение $\mathbf{P}_n(k)$ (4.2), Бернулли вычислил эту величину и показал, что корень из нее обратно пропорционален корню из объема выборки n:

$$\sqrt{\overline{(p^* - p)^2}} = \sqrt{\frac{p(1-p)}{n}} \qquad (4.3)$$

Правая часть равенства свидетельствует, что с ростом объема выборки n абсолютная величина разности между выборочной частотой p^* и неизвестной частотой p в генеральной совокупности стремится к нулю:

$$\lim_{n \to \infty} \sqrt{\overline{(\mathrm{p} - p^*)^2}} = \lim_{n \to \infty} \sqrt{\frac{p(1-p)}{n}} = 0 \qquad (4.4)$$

Это простейший случай *закона больших чисел*, который таким образом был открыт Якобом Бернулли.

Техника оценивания статистических ошибок и разрешения статистических гипотез, основанная на этом результате, давно стала хрестоматийной.

В простейшем и наиболее распространенном на практике случае, когда объем выборки n достаточно велик (около сотни и более), а обе величины np и $n(1 - p)$ порядка 10 и более, неизвестная доля p может быть вычислена по известной выборочной доле p^* в выборке объема n по формуле (4.5), которая приводится ниже. Эта формула используется обычно для практических расчетов [59]:

$$p = p^* \pm t_\beta \sqrt{\frac{p^*(1-p^*)}{n}} . \qquad (4.5)$$

Величина

$$t_\beta \sqrt{\frac{p(1-p)}{n}} \qquad (4.6)$$

представляет статистическую ошибку выборки. Эта ошибка имеет вероятностную природу. Она реализуется с вероятностью β, которая называется «доверительной»[22]. Зависимость ошибки (4.6) от β определяется коэффициентом t_β. Случай $t_\beta = 1$ (так называемая стандартная ошибка) соответствует доверительной вероятности $\beta \approx 0{,}7$. При $\beta = 0{,}95$ коэффициент $t_\beta \approx 2$.

Таков вкратце простейший, и в то же время наиболее часто используемый вариант схемы получения знаний по Бернулли.

В практике получения систематических научных знаний, поддержанных опытом, роль этой схемы буквально экстраординарна. Любые руководства по математической обработке данных опыта на основе выборочных исследований в своей основе опираются на эту схему, лишь развивая и дополняя ее.

Схема Бернулли, представленная на рисунке 4.2, связана, как сказано выше, с задачей оценить по выборке долю объектов в генеральной совокупности, обладающих свойством a. Применимость этой схемы на практике обусловлена следующими четырьмя требованиями:

1. Генеральная совокупность задана до проведения выборки.

2. Выборка случайная (любой объект генеральной совокупности имеет равные шансы попасть в выборку).

---

[22] В технике разрешения статистических гипотез используется также величина $\alpha = 1 - \beta$, вероятность конкурирующей гипотезы (ошибки первого рода), которую принято называть *уровнем значимости* проверяемой гипотезы: чем *меньше* a, тем *меньше* вероятность конкурирующей гипотезы, тем *больше* уровень значимости проверяемой гипотезы.

3. За период сбора выборочных данных свойства $a, \overline{a}$ у объектов генеральной совокупности остаются неизменными.

4. Идентификация свойств $a, \overline{a}$ на объектах генеральной совокупности непроблематична (разные люди могут, не сговариваясь, одинаково идентифицировать свойства $a, \overline{a}$).

§ 4.07. Построение персональных знаний, основная задача

При построении персональных знаний о мире отдельным человеком фундаментальной единицей знания служит связь пары эйдосов a, b, образующая детерминацию $a \to b$ – прототип простого предложения «a есть b» (напомню, *детерминация* и *правило* — синонимы).

В этой связи основная «исследовательская задача», которую приходится решать каждому отдельному человеку, строя свою персональную систему знаний в обыденной жизни, иная, чем та, что обсуждалась выше с помощью схемы на рисунке 4.2.

Она состоит в том, чтобы оценить неизвестную точность $p = p(b|a)$ детерминации $a \to b$ в генеральной совокупности, когда известна только точность $p^* = p^*(b|a)$ этой детерминации в наблюдаемой выборке.

Схема Бернулли, отвечающая этой задаче, показана на рисунке 4.3.

Генеральная совокупность U_N объема U_N

Случайная выборка U_n объема n

Случайный отбор с возвращением

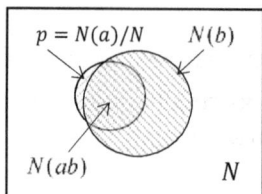

$p = p(b|a) = N(ab)/N(a)$

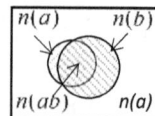

$p^* = p^*(b|a) = n(ab)/n(a) \equiv k/n(a)$

Рис. 4.3. Случай схемы Бернулли, когда задача состоит в том, чтобы по выборочной частоте $p = p(b|a) = N(ab)/N(a)$ оценить неизвестную точность $p^* = p^*(b|a) = n(ab)/n(a) \equiv k/n(a)$ детерминации $a \to b$.

Задача оценить точность детерминации $a \rightarrow b$ это задача оценить долю b в a.

Чтобы это сделать, *не нужна вся выборка*, изображенная в виде прямоугольника справа на рисунке 4.3.

Достаточно ограничиться случайной выборкой, обозначим ее $U_{n(a)}$, имеющей объем $n(a)$ и составляющей внутренность кружка a.

Для выборки $U_{n(a)}$ генеральной совокупностью будет уже не вся генеральная совокупность U_N, обозначенная прямоугольником слева на рисунке 4.3, а лишь часть этой совокупности, обозначим ее $U_{N(a)}$, что образует кружок a внутри прямоугольника U_N.

На рисунке 4.3 круги Эйлера, изображающие на схеме генеральную совокупность $U_{N(a)}$ и случайную выборку $U_{n(a)}$, суть буквально круги. Но ничто не мешает изобразить их в виде прямоугольников, как показано на рисунке 4.4

Генеральная совокупность $U_{N(a)}$ объема $N(a)$

Случайная выборка $U_{n(a)}$ объема $n(a)$

$n(b)$

$n(ab)$

$n(a)$

Случайный отбор с возвращением

$N(a)$

$p^* = p^*(b|a) = n(ab)/n(a) \equiv k/n(a)$

$p = p(b|a) = N(ab)/N(a)$

Рис. 4.4. Часть схемы Бернулли на рисунке 4.3, принимающая участие в решении задачи «по известной выборочной частоте $p^* = p^*(b\,|\,a)$ оценить неизвестную точность $p = p(b\,|\,a)$ детерминации $a \rightarrow b$».

С точностью до переобозначений это та же самая схема Бернулли, что и классическая схема на рисунке 4.2. Однако разница в задачах приводит к различиям в способах применения схемы Бернулли в одном и другом случае.

Первое различие в типе зависимости генеральной совокупности и выборки от изучаемого свойства a.

В случае, показанном на рисунке 4.2, генеральная совокупность и выборка не меняются при замене свойства a на другое свойство a'.

В случае же, показанном на рисунках 4.3 и 4.4, при замене a на другое свойство a' меняется *и генеральная совокупность и выборка*. Концепция существования мира как единой генеральной совокупности заменяется концепцией бесконечного множества генеральных совокупностей и соответствующих им выборок.

Другое различие еще более существенное. Оно касается схемы вычислений при статистическом оценивании объемов эйдосов.

При решении задачи, которой соответствует схема Бернулли на рисунке 4.2, оцениваемая частота p предполагается не близкой к нулю либо к единице. Такие случаи отбрасываются как неинформативные. Если следовать Шеннону, информация, заключенная в событии a, пропорциональна величине $p \ln p$. При $p \to 0$, равно как и при $p \to 1$ эта величина стремится нулю:

$$\lim_{p \to 0} p \ln p = \lim_{p \to 1} p \ln p = 0 \qquad (4.7)$$

Если объем выборки n достаточно велик (около сотни и более), а величины np и $n(1 - p)$ превышают 10, то, как известно, распределение Бернулли (4.2) хорошо аппроксимируется нормальным распределением

$$P_n(k) \cong \frac{1}{\sqrt{2\pi np(1-p)}} \exp\left\{-\frac{(k-np)^2}{2np(1-p)}\right\} \qquad (4.8)$$

И тогда для оценок применяется формула (4.5)

$$p = p^* \pm t_\beta \sqrt{\frac{p^*(1-p^*)}{n}} \qquad (4.5)$$

Но при решении задач, которым соответствует схема Бернулли на рисунках 4.3 и 4.4, все по-другому. Случаи, когда частота p близка к нулю, либо к единице, как раз самые интересные и важные. И самые информативные, если цель – искать информацию о том, когда по наличию a можно наилучшим образом предсказывать наличие либо отсутствие b.

В этих случаях приближение (4.8) не работает, и его следует заменить другим. Когда вероятность p близка к нулю ($0 \approx p << 1$), используют распределение Пуассона для редких событий:

$$P_n(k) \cong \frac{(np)^k}{k!} e^{-np} \qquad (4.9)$$

Если же вероятность p близка к единице ($0 << p \approx 1$), используют распределение Пуассона для частых событий:

$$P_n(k) \cong \frac{[n(1-p)]^{(n-k)}}{(n-k)!} e^{-n(1-p)} \qquad (4.10)$$

Оценивая в быту частоты событий при поиске полезных для жизни правил вида «если a то b» либо (что то же самое), выражающих точную мысль простых предложений вида «a есть b», люди интуитивно используют как раз именно эти распределения.

Наблюдая, например, трижды событие a во всех трех случаях появления события b, всякий заподозрит наличие закономерности типа «если a, то b». Выборка объема $n = 3$ оказывается информативной. И распределение (4.10) подкрепляет со стороны точной науки такой способ получать знания, наблюдая мир.

Между тем выборка того же объема $n = 3$ абсолютно неинформативна, если решается задача, которой соответствует схема Бернулли на рисунке 4.2.

§ 4.08. Как реально строят люди индивидуальные картины мира

При построении индивидуальных знаний любой из нас имеет дело с выборками из той части мира, в которой ему приходится жить.

Плюс к тому мы общаемся между собой, читаем книги, думаем над увиденным, услышанным, прочитанным. Этим исчерпывается круг реальных средств, которыми мы можем оперировать, создавая собственную картину мира, будь то мир людей, других живых существ, растений или же мир неживой природы.

Иногда наши выборки сделаны «по всем правилам», как того требует статистическая теория, опирающаяся на классическую схему Бернулли.

Но масса генеральных совокупностей, из которых выбраны наши персональные выборки в обыденной жизни, заранее не известны.

Мы можем догадываться о том, что они есть, но за редкими исключениями наши представления на этот счет весьма приблизительные, – если вообще мы склонны задумываться об этом.

Во всяком случае, накапливая выборочный опыт в повседневной жизни, мы практически никогда не располагаем перечнем образующих генеральную совокупность объектов

Мы не можем, например, по таблице случайных чисел организовать случайный отбор и поставить проблему отношений между выборкой и генеральной совокупностью так, как того требует классическая схема Бернулли.

Статистические свойства выборок, доступных нам в обыденной жизни, неизвестны.

В теории вероятностей выборка считается случайной, если каждый объект из генеральной совокупности имеет равные шансы попасть в нее. Выборки, которыми пользуемся мы в жизни, заведомо не случайны. Часто намеренно не случайны.

Объекты внешнего мира, попавшие в поле нашего восприятия, далеко не всегда остаются такими, какими мы их восприняли однажды. Они способны менять свои свойства после нашего контакта с ними.

В этом отношении они совершенно не похожи на шары разного цвета, помещенные в урну, образ которой служит обычно образом генеральных совокупностей для специалистов по теории вероятностей.

Это особенно очевидно, когда «шарами» оказываются люди, а роль свойств играют реплики, высказанные ими в диалогах.

Плюс ко всему мы одно и то же часто называем разными именами, а разные вещи – одинаковыми.

В итоге можно констатировать, что при накоплении персональных знаний практически всегда *не выполняются* условия, при которых применение схемы Бернулли оправдано.

Это отражено в таблице (4.11), где сопоставлены условия, при которых применима схема Бернулли, с тем, что происходит в своеобразных «исследовательских ситуациях», характерных для получения персональных знаний в обыденной жизни, когда мы получаем знания о мире, опираясь на свое восприятие образов мира.

№№	Схемы Бернулли	Персональные знания	
1	Генеральная совокупность точно определена	Генеральная совокупность не определена точно	
2	Выборка случайная	Выборка не случайная.	(4.11)
3	Свойства объектов неизменны ("шары не меняют цвет")	Свойства объектов изменчивы ("шары меняют цвет")	
4	Идентификация свойств объектов не проблематична	Идентификация свойств объектов проблематична	

Тем не менее, опираясь на неслучайные выборки, при не определенных либо определенных субъективно генеральных совокупностях, при неустойчивости свойств, проявляемых объектами мира, и при очевидных разночтениях между разными людьми в способах идентификации образов мира, мы способны получать и получаем знания, которые поддерживают нашу персональную жизнь. Знания, которые в доступных нам пределах оказываются верными для каждого из нас.

Более того, средства, которыми мы пользуемся при построении наших персональных знаний, и, как показывает таблица (4.11), не позволяющие применять схему Бернулли, дают возможность получать также и знания точные, дающие верное представление о мире в целом.

Как это происходит?

Это не праздный вопрос еще и потому, что точные знания, полученные в соответствии с классической схемой Бернулли с помощью аккуратно, по всем правилам сформированных выборок, составляют лишь небольшой островок в знаниях, которые мы получаем, опираясь на средства, которые очевидно не вписываются в классическую схему Бернулли.

Наши природные, данные каждому от рождения способы получать знания значительно более мощные, чем те, что даются способами, выработанными наукой. Научные способы, судя по всему, есть весьма частный случай тех способов, которыми мы пользуемся как обычные люди, тех, которыми испокон веков пользуется человечество.

Как это оказывается возможным? Этот вопрос заключает в себе проблему целостности наших собственных представлений о том, на каких началах мы познаем мир.

Феноменология диалогов предлагает следующий путь к поиску ответа на этот вопрос.

Да, выборки, по которым я строю свои представления о мире, не случайны. Но каждому набору воспринятых лично мной фактов (случайному или нет, – неважно), соответствует своя генеральная совокупность, по отношению к которой этот набор есть *представительная выборка*. Такая генеральная совокупность заведомо существует для любого набора фактов. В этом можно легко убедиться.

Минимум один тривиальный вариант такой генеральной совокупности всегда можно точно указать – это сам этот набор.

Исследовательское мышление, замкнутое на классическую схему Бернулли, разворачивает идею познания, начиная с образа «объективно заданной генеральной совокупности». Затем внимание концентрируется на выборке из нее (простой случайной, квотной, гнездовой, расслоенной и т.д.).

Феноменология диалогов предлагает *обратный* ход мысли: не от генеральной совокупности к выборке, а от выборки к генеральной совокупности.

Исследовательское мышление, замкнутое на феноменологию диалогов (а я, как автор этой книги, представляю именно такое мышление), разворачивает идею познания, начиная с гештальт-матриц. То есть, с выборки, если перейти на язык схемы Бернулли.

Каждая выборка — это гештальт-матрица. Ей соответствует своя генеральная совокупность. Минимум одна, а вообще говоря, – много.

Сколько? – Это вопрос о пределах применимости знаний, заключенных в конкретной выборке. Обычно он формулируется как проблема обобщения.

Минимальное число гештальт-матриц в индивидуальном сознании измеряется десятками тысяч. Соответствующих им генеральных совокупностей значительно больше.

В нулевом приближении каждая такая совокупность описывается эйдосом соответствующей гештальт-матрицы. Комбинируя эйдосы, можно уточнять образ генеральной совокупности. Обмен эйдосами генеральных совокупностей составляет едва ли не центральную тему коммуникаций между людьми.

Я обращаюсь к другому со словами, за которыми стоят мои выборки и их обобщения на те генеральные совокупности, которые мне лично кажутся уместными. Он в ответ предлагает мне свои выборки и те генеральные совокупности, которые кажутся уместными ему. Слова «выборка» и «генеральная совокупность» в живых диалогах не используются, но это не меняет сути дела[23].

Наши взаимные просьбы уточнить, привести примеры, наши выражения согласия либо сомнений по поводу этих примеров, позволяют уточнить представления о генеральных совокупностях, где действуют мои знания и знания моего собеседника.

---

[23] Например, фраза «люди теперь предпочитают жить вне больших городов» предполагает и наличие выборки, на которой она установлена, и наличие генеральной совокупности (вероятно, не единственной), для которой она может быть справедливой.

Противоречия, которые при этом выходят на поверхность, мы можем объяснить по-разному. Разницей выборок, разницей генеральных совокупностей, разницей восприятия, следствием разницы в употреблении слов.

Таким образом, изучая любую четко очерченную генеральную совокупность больших размеров по выборке значительно меньших размеров, люди своим сообществом заменяют схему Бернулли другой схемой, более соответствующей реальности и возможностям людей.

Люди «обживают» генеральную совокупность буквально. Так же, как они обживали и обживают участки нашей планеты, покрывая ее десятками, сотнями, тысячами своих генеральных совокупностей и своих малых выборок, устанавливая истинное положение дел через общение средствами естественного языка.

По времени этот путь на порядки менее быстрый, чем организованное по Бернулли классическое систематическое обследование. Но в конечном итоге он дает гарантированный успех, хотя этот успех и достигается порой только многими поколениями «исследователей».

Я не хочу здесь дальше развивать эту тему. Это требует, во-первых, более основательного изложения предпосылок, во-вторых, тщательной проработки конкретных примеров. Моя цель – показать, что и то и другое возможно, если опираться на феноменологию диалогов.

Феноменологические представления о сериях диалогов, представленные в этой работе, могли бы при соответствующей усидчивости и последовательных усилиях трансформироваться в теорию познания, показывающую, как именно гуманитарные и естественнонаучные знания возникают из того, что феноменологически знакомо каждому из нас.

Я имею в виду разговоры между людьми. Обмены репликами, образами. Восприятие образов. Персональные картины мира. Ощущение своей принципиальной ограниченности в сравнении с любым другим человеком. Ощущение, что все мы суть временно существующие части друг друга, каждый (каждая) со своим предназначением в мире. Что любые двое из нас больше, чем каждый в отдельности.

Как это должно быть ясно из предыдущего, особую роль в такой практике жизни должна играть и безусловно играет логика, порождаемая феноменологией диалогов.

§ 4.09. Натуральные основания языка и социальных теорий

Факт существования гештальтов и эйдосов, если их воспринимать как фундаментальную реальность (а вслед за Платоном именно к такой точке зрения склоняет феноменология диалогов), дает возможность сделать вполне конкретным представление о том, как строится язык, универсальная сцена, на которой разворачивается социальная жизнь.

Эта сцена есть совокупность эйдосов, представляющих сознание всех людей, живущих на Земле в данный момент. Это антропологический разум планеты, ее человеческий логос. Он составляет часть биосферы, за современным состоянием которой Вернадский, имея в виду именно существование антропологического разума, закрепил имя ноосфера [77].

Свой вклад в логос вносит сознание любого человека. Как бы ни был мал этот вклад, он всегда есть. И он всегда конкретен. Любая мысль, любое слово, действие есть такой вклад. Он изменяет состояние логоса. Пусть незаметно, но изменяет. В результате одни эйдосы укрепляются, увеличиваются в объеме, степень их социализации растет. Другие остаются без внимания, уходят из памяти людей, деградируют, и, быть может, исчезают навсегда вместе с последними их носителями.

Каждый эйдос антропологического разума имеет свою степень социализации. Она измеряется численностью людей, для которых восприятие этого эйдоса непроблематично. Если **N** число людей на земле, социализация эйдосов изменяется от 1 до **N**.

Существуют эйдосы, степень социализации которых по порядку величины близка к **N** изначально, по природе вещей. Это эйдосы сенситивно воспринимаемого физически заданного мира. Их существование обусловлено природными свойствами восприятия. Из таких эйдосов сконструированы эйдосы означающих в языке. В конечном счете эти эйдосы гарантируют возможность существования языка. Они гарантируют и возможность взаимопонимания между людьми, чье сознание сформировалось в разных национальных языках.

На полюсе другом, противоположном, эйдосы предельно индивидуализированные. У них степень социализации минимальна: близка к единице или в точности равна ей.

Среди предельно индивидуализированных (принадлежащих сознанию только одного человека) эйдосов могут быть также и сенситивно воспринимаемые эйдосы физического мира. Такие эйдосы рождаются, когда, например, часть недоступного людям физического мира открывается кому-либо первому из них.

Так возникли эйдосы поверхности Луны в сознании первого человека, сделавшего шаг по ее поверхности. Так возникают эйдосы микромира, открывшиеся исследователю, обладающему уникальной аппаратурой и умением пользоваться ею, решая исследовательские проблемы.

Социализация таких эйдосов обычно не представляет сложной социальной проблемы – достаточно описать увиденное в словах, доступных другим людям.

Но большая часть абсолютно индивидуализированных эйдосов относится к той части бытия, которую каждый человек обречен воспринимать в одиночку, даже находясь в мире, доступном всем и каждому.

Жизнь большинства индивидуализированных эйдосов совпадает с жизнью их носителей. Социализация таких эйдосов представляет проблему. Иногда проблема вызвана социальными табу. Примерами могут служить сексуальные переживания в обществе, где на социализацию таких переживаний наложен запрет. Или переживания людей, в полном одиночестве приближающихся к смерти по причине возраста или неизлечимой болезни.

Можно предположить, что предельно индивидуализированные эйдосы составляют в логосе большинство в каждый данный момент времени.

Динамика логоса определяется изменениями состава эйдосов.

Эйдосы порождаются людьми и живут вместе с ними в их сознании. Поэтому эйдосы, подобно людям, рождаются, живут своей жизнью и умирают. Однако жизнь отдельного эйдоса может быть значительно больше, чем жизнь человека. Некоторые эйдосы, внесенные в цивилизацию Аристотелем, живы до сих пор, хотя сам Аристотель ушел из жизни в 322 году до новой эры.

Употребляя слова родного языка, мы актуализируем их эйдосы, эйдосы их смысла, не задумываясь об эйдетической природе этого действия, и не вспоминая о тех безымянных для нас людях, кто в прошлые времена владел теми же или похожими эйдосами и пользовался для их выражения теми же либо иными словами.

Увеличение средней продолжительности жизни людей уменьшает скорость обновления логоса, увеличивает его стабильность и консерватизм. Уменьшение продолжительности жизни, напротив, увеличивает обновляемость логоса, одновременно уменьшая его стабильность.

Роль собственно рождения и смерти людей, как начала, формирующего состояние логоса, фундаментальна. Но роль эта ограниченная.

Существуют другие факторы, от которых зависит состояние логоса, динамика процессов в нем. Важнейшие из них известны всем. Это межличностные и массовые коммуникации. Они формируют структуру логоса. Ими определяется жизнь эйдосов, их возникновение, укрепление. Или, напротив, подавление, стагнация.

Благодаря коммуникативным процессам судьбы эйдосов чрезвычайно сильно зависят от социальной роли, которую они выполняют в обществе, в текущих социальных процессах, в культуре. Периоды социальных преобразований, революций, войн это одновременно и периоды резких изменений в структуре логоса.

Все социальные процессы суть процессы в логосе. Поэтому теория логоса может строиться не только как теория универсальных структур естественного языка, не только как теория познания (о чем было сказано выше), но и как теория реальности, формирующей социальную жизнь.

Некоторые философские аспекты построения такой теории отражены во второй части работы [01]. Помимо основного содержания (связанного с построением многозначной логики на гештальт-матрицах, называемых в той работе «натуральными текстами») там дан краткий абрис сопутствующих вопросов натуральной философии.

Более широкая по охвату, но все же предварительная проработка философских и собственно научных аспектов теории логоса составляет содержание небольшой монографии [19], изданной в Нью-Йорке в 1991 году в издательстве «Телекс» Александром Серебренниковым.

Социальное преимущество развиваемой здесь теории логоса в том, что она не регламентирует содержание эйдосов. Оно остается свободным. Благодаря этому теория, универсальная по своей социальной сути, не стесняет свободную волю людей в их влиянии на состав эйдосов, конституирующих социальную жизнь.

В отличие от многих других социальных теорий, такая теория не может служить основой политической власти одних групп людей над другими. Ее предмет – процессы рождения и развития, а также деградации и гибели эйдосов. По существу, это процессы формирования, развития и деградации понятий, образующих язык. В том числе речь идет и о понятиях, составляющих основу тех социальных теорий, которые в социологии принято называть «содержательными» и относить к теориям среднего и высокого уровней.

В практике социальных и общегуманитарных исследований потребность в теории логоса ощущается в двух аспектах.

Первый – фундаментальный. Наиболее активно побудительные импульсы к построению теории такого рода были заявлены и активно прорабатываются в рамках феноменологической социологии [81], которая развивает методологические идеи, восходящие к Гуссерлю. Развитие теории логоса на базе феноменологии диалогов могло бы стать существенной поддержкой для общетеоретических построений в рамках феноменологической социологии.

К фундаментальным проблемам, которые могут быть решены на базе теории логоса, относится также проблема создания теории измерений, где идея измерения замыкается, во-первых, на персональную способность каждого человека идентифицировать эйдосы и давать им имена. Во-вторых, на взаимодействие людей в процессе социализации знаний. Подход к построению такой теории изложен в работе [70].

Второй аспект – прикладной. Здесь поле практического применения теории. Прежде всего это создание математических методов, не нарушающих экологию естественного языка при проведении исследований гуманитарного плана.

В первую очередь это касается методов обработки и анализа данных, полученных путем опросов разного содержания. Связанная с этим проблематика описана в монографии [06], посвященной детерминационному анализу и математическим вопросам его применения в практике гуманитарных исследований.

Предложенные там решения основаны на философии ненасилия над естественным языком. За период с 1989 по 2005 г.г. были реализованы более десяти поколений аналитических пакетов "DA-система" для персональных пользователей. В 90-е (и в самом начале двухтысячных) ДА-технологии нашли практическое применение в принятии управленческих решений муниципалитетами малых и средних городов

России. Идеи DA были положены в основу программ и проектов в лингвистике, социологии, геоинформационных системах, биологии, медицине. Примеры этого рода демонстрируют работы, начиная с [41]-й и заканчивая [58]-й.

§ 4.10. Происхождение математики и основания геометрии

Гештальты и «собранные» из них гештальт-матрицы формируют интуицию первичных математических объектов. Гештальт это не что иное, как феноменологический прототип единицы натурального ряда. Гештальт-матрица – это феноменологический прототип конечного множества. Интуитивные корни арифметики, теории множеств, теория меры (в частности, теория вероятностей) в рефлексии относительно гештальтов (как бы их ни называть), гештальт-матриц, их свойств.

Физическая локализация любого гештальта — ткань мозга. Материальный носитель гештальтов — классическая материя, атомы и молекулы белков, из которых состоит мозг. Но по своим функциям в мышлении и языке любой гештальт есть феномен сознания.

Можно ли отсюда сделать вывод, что происхождение математики обусловлено *только* свойствами нашего сознания?

На этот вопрос нельзя дать определенный ответ, пока не дан ответ на другой вопрос: существует ли физически определенный аналог гештальта во внешнем по отношению к ткани мозга физическом мире?

Любая конфигурация материи в определенной пространственно-временной области, будучи воспринятой нами, может быть отображена в нашем мозгу в виде гештальта, феноменологического прототипа единицы натурального ряда.

В этом смысле аналог гештальта в окружающем физическом мире существует. Это произвольная область пространства-времени вместе с заключенной в ней материей (энергией).

В работе [01] физический аналог гештальта во внешнем мире назван *платоном* — именем великого грека. В картине мира, дополняющей общепринятую, любой платон должен рассматриваться как элементарное образование, «идеальный атом Платона», в отличие от обычных атомов – «материальных атомов Демокрита».

При такой постановке вопроса высказывания «мир состоит из материальных атомов» и «мир состоит из платонов» оба справедливы. Причем первое должно рассматриваться как приблизительное, поскольку физический атом в обычном смысле не элементарен, тогда как второе – точное, поскольку любой платон не подвержен делению на более элементарные части точно так же, как любой гештальт.

Насколько дилемма, в связи с происхождением математики формулируемая как «сознание либо окружающий физический мир», была и остается острой для сообщества математиков, показано в прекрасной книге Морриса Клайна [82]. Здесь приведены многочисленные примеры, показывающие, что в этом вопросе мнения крупнейших математиков во все времена склонялись как в одну, так и в другую сторону.

Если существование платонов принять как отправной постулат, разрешение дилеммы о происхождении математики сводится к вопросу: существует ли возможность построить непротиворечивую геометрию пространства-времени с распределенной в нем материей на тех же началах, на которых наш мозг строит из гештальтов образ любой пространственно-временной области вместе с заключенной в ней материей?

Оказавшись возможным, это было бы ясным указанием, что не только арифметика, но и вся математика целиком, включая геометрию, есть наука об объектах, реально существующих как в окружающем физическом мире, так и в сознании. Тем самым вопрос о происхождении математики был бы решен бесповоротно и навсегда.

Вместе с тем это окончательно примирило бы конструктивную науку с точкой зрения Платона, что мир (космос) состоит из эйдосов. Антропологический разум, существование которого превращает биосферу Земли в ноосферу по Вернадскому, оказался бы отображением эйдосов мира в белковом веществе мозга, и это закрепило бы статус сознания в качестве органичной составляющей современной физической картины мира.

Возможно ли построить здание современной математики, опираясь на представление о платонах, как об «атомах мира», и эйдосах, как совокупностях тождественно неразличимых платонов?

Подобный проект был бы не менее масштабным, чем проект Никола Бурбаки. Что касается меня, то я верю, что когда-нибудь он будет реализован в согласии с предсказанием Анри Пуанкаре (Poincaré, Jules Henri, 1854-1912), сделанным сто лет назад в его книге «Наука и метод» [83]:

«Эта наука [математика — *С.Ч.*] не имеет единственной целью вечное созерцание своего собственного пупа; она приближается к природе, и раньше или позже она придет с ней в соприкосновение; в этот момент необходимо будет отбросить чисто словесные определения, которыми нельзя будет более довольствоваться».

История геометрии как теории пространства вместе с заключенной в нем материей насчитывает не менее полутора столетий. Начинается она с идей Карла Фридриха

Гаусса (Johann-Carl-Friedrich Gauß, 1777-1855). И заведомо не позже 1854 года, когда Бернхард Риман (Georg-Friedrich-Bernhard Riemann, 1826-1866) при вступлении в должность приват-доцента Геттингенского университета с подачи и в присутствии Гаусса прочел публичную лекцию по основаниям геометрии, где он, в частности, сказал ([84], цитирую по книге Мориса Клайна [85] в переводе Ю.А. Данилова):

«Или то реальное, что создает идею пространства, образует дискретное многообразие, или же нужно пытаться объяснить возникновение метрических отношений чем-то внешним – силами связи, действующими на это реальное… Здесь мы стоим на пороге области, принадлежащей другой науке — физике, и переступать его нам не дает повода сегодняшний день».

Последовательную реализацию идеи воздействия материи на свойства пространства содержит общая теория относительности Эйнштейна (Albert Einstein, 1879-1955). В ней существенно используется локальная непрерывность пространства-времени.

Эйдетическая геометрия, если она возможна, будет развивать идеи Римана о пространстве-времени как дискретном многообразии. Непрерывность (в том числе непрерывность ряда действительных чисел на числовой оси) здесь должна быть следствием такого рассмотрения, приближением, частным случаем, когда дискретностью пространства можно пренебречь. Возможно ли это?

Если ограничиться ультрамалыми масштабами, довод в пользу дискретности пространства-времени дает современная физика микромира. Я имею в виду основанные на эксперименте предположения о возможности существования фундаментальной длины [86]. Вероятной оценкой классического размера этого «кванта длины» служит *гравитационная* (или *планковская*) длина $\Delta 1$, определяемая формулой $\Delta 1 \approx \sqrt{G\hbar/c^3}$, где G – гравитационная постоянная, $\hbar$ – постоянная Планка, c – скорость света в пустоте [87].

По порядку величины $\Delta 1 \approx 10^{-35}$ метра. При меньших размерах кванта $\Delta 1$ представления о расстояниях (интервалах времени), которыми оперирует современная физика, теряют смысл. Существующие физические эксперименты дают основание предположить, что этот смысл теряется уже в случае, когда расстояния меньше 10^{-22} метра, что на 13 порядков больше, чем $\Delta 1$.

Предположим, что принцип, по которому сетчатка глаза формирует зрительные образы и их динамику во времени, подобен принципу, по которому разворачивается существование воспринимаемого мира в пространстве-времени. Тогда реальное пространство-время может быть уподоблено трехмерному экрану гигантского монитора, на котором трехмерные образы создаются трехмерными пикселями, имеющими линейный размер $\Delta 1 \approx 10^{-35}$, а «кадры фильма», представляющего бытие мира, сменяют друг друга за чудовищно короткое время порядка $\Delta 1/c \approx 3 \times 10^{-44} cek$.

Создание последовательной программы построения геометрии на подобных началах чрезвычайно сложная задача. Но можно начинать с малого.

Уже сейчас есть конкретные, важные для практики и точно поставленные проблемы теории логоса как антропологического разума. Примером служат рассмотренные выше проблемы вычисления истинности логических законов в рамках логики, построенной на основе феноменологии диалогов. Решение этих проблем, требующее серьезных усилий математиков, я уверен, могло бы приблизить время, когда эйдетическая геометрия возникнет и войдет в научную картину мира.

§ 4.11. Заключительная реплика

Из статьи Гуссерля Phenomenology, написанной в конце 20-х годов XX века для Encyclopaedia Britannica [36]:

«...феноменология наука о конкретных феноменах, присущих субъективности и интерсубъективности... Сфера феноменологии универсальна... Как только априорные дисциплины, такие как математические науки, вовлекаются в сферу феноменологии, их больше не осаждают "парадоксы" и споры в отношении принципов; а те науки, которые стали априорными независимо от феноменологии, смогут оградить от критики свои методы и предпосылки, только опираясь на феноменологию. ... Бесконечная задача описания универсума априорных структур, осуществляемая посредством приведения всех объективностей к их трансцендентальному "истоку", может рассматриваться как одна из функций построения универсальной науки о действительности, любая отрасль которой, в том числе позитивная, должна быть установлена на своих априорных основаниях. Феноменологическая философия представляет собой только развитие основных тенденций древнегреческой философии и главенствующего мотива философии Декарта».

Работая над этой книгой, я стремился привести дополнительные аргументы в пользу того, что процитированные слова Гуссерля есть плод чрезвычайно ответственного и конструктивного ума, далекого от философской экзальтации.

Цитируемые работы, список I.

В прямоугольных скобках [...] порядковый номер упоминания о цитируемой работе в тексте книги. Затем идут сведений об этой работе. **Жирным шрифтом** указаны номера страниц книги со ссылкой на эту работу.

[01]. *Чесноков С.В.* Метаматрицы в логике натуральных текстов. Социологический журнал 2003 № 2, стр. 53-94. **Стр. 11, 19, 38, 78, 104, 128, 146, 147, 230, 233.**

[02]. *Крейдлин Г.Е.* Невербальная семиотика: жесты, поза, голос как элементы риторики. Доклад на симпозиуме "Пути России: преемственность и прерывистость общественного развития", секция «Язык в социальном взаимодействии». Москва, МВШСЭН (MSSES), 2007. **Стр. 14.**

[03]. *Вейсман А.Д.* Греческо-русский словарь. Репринт V-го издания 1899 г. Москва, Греко-латинский кабинет Ю. А. Шичалина, 1991. **Стр. 14, 37.**

[04]. *Wertheimer, M.* Experimentelle Studien über das Sehen von Bewegung. Zeitschrift für Psychologie, 1912, 61, 161-265. [English translation in T. Shipley, ed., *Classics in Psychology*. New York: Philosophical Library, 1961]. **Стр. 15.**

[05]. *Ротенберг В.С., Чесноков С.В.* Виртуальность имен в процессе диалога в естественном языке. Известия АН СССР. Серия: Техническая кибернетика. 1986. № 5. **Стр. 21, 154, 211.**

[06]. *Чесноков С.В.* Детерминационный анализ социально-экономических данных. М.: "Наука", Главная редакция физико-математической литературы, 1982 (2-е изд. — М. Книжный дом "ЛИРОКОМ", 2009). **Стр. 22, 58, 63, 85, 100, 103, 104, 231.**

[07]. *Чесноков С.В.* Силлогизмы в детерминационном анализе. Известия АН СССР. Серия: Техническая кибернетика. 1984. № 5. [Перевод на англ. в: Engineering Cybernetics. 1985. Vol. 22. No. 6]. **Стр. 23, 86, 104, 118, 119, 122, 124, 153, 154, 161, 165, 193.**

[08]. *Чесноков С.В.* Детерминационная двузначная силлогистика. Известия АН СССР. Серия: Техническая кибернетика. 1990. № 5. **Стр. 23, 86, 104, 153, 154, 172, 193.**

[09]. *Бурбаки Н.* Теория множеств. Перевод с французского. Москва, Мир, 1965. **Стр. 27, 74, 79.**

[10]. *Sperry R.W.* Some effects of disconnecting the cerebral hemispheres (Nobel Lecture, 8 Dec. 1981), in Les Prix Nobel, Almqvist & Wiksell International, Stockholm, 1982. **Стр. 30.**

[11]. *Wiesel T.N.* Postnatal development of the visual cortex and the influence of environment *Nature* **299** 1982 583-591 [Nobel Prize lecture]. **Стр. 30, 49.**

[12]. *Hubel D.H. & Wiesel T.N. Brain and Visual Perception: The story of a 25-year collaboration* New York: Oxford University Press, 2005. **Стр. 30, 49.**

[13]. *Rotenberg V.S.* The Asymmetry of the Frontal Lobe Functions and the Fundamental Problems of Mental Health and Psychotherapy. Dynamic Psychiatry, 2007, v. I-II. **Стр. 30, 54, 64.**

[14]. *Лосев А.Ф.* История античной эстетики, [т. 4]: Аристотель и поздняя классика. Москва, 1975. **Стр. 38.**

[15]. *Brommer P.* Eidos et idea. Etude sémantique et chronologique des oeuvres de Platon. Assen, 1940. **Стр. 38.**

[16]. *Платон.* Менон, 72е. Перевод с древнегреческого С.А. Ошерова. Платон. Сочинения. Том 1. Москва, «Мысль», 1968. **Стр. 38.**

[17]. *Аристотель.* Первая и Вторая аналитики. Аристотель. Сочинения. Том 2. Москва, «Мысль», 1978. **Стр. 38.**

[18]. *Гуссерль Э.* Идеи к чистой феноменологии и феноменологической философии, Книга I, § 47. Мир естества как коррелят сознания. Гуссерль Э. Избранные работы. Перевод с немецкого. Москва, ТБ, 2005. **Стр. 38.**

[19]. *Чесноков С.В.* Физика Логоса. Нью-Йорк: Телекс, 1991. **Стр. 38, 212, 230.**

[20]. *Платон.* Государство, 514-517(книга седьмая). Перевод с древнегреческого. Платон. Сочинения. Том 3. Москва: «Мысль», 1971. **Стр. 39.**

[21]. *Колмогоров А.Н.* Основные понятия теории вероятностей. Москва, Наука, 1974. **Стр. 47, 79, 81, 83, 95.**

[22]. *Борхес Х.Л.* Фунес, чудо памяти. Перевод с испанского. Е. Лысенко. Борхес Х.Л. Проза разных лет. Москва: Радуга, 1984. **Стр. 50.**

[23]. *Бурдье Пьер.* Начала. Choses dites. Пер. с фр. Н.А. Шматко. М.: Socio-Logos, 1994. **Стр. 51.**

[24]. *Эйлер Л.* Письма о разных физических и философических материях к некоторой немецкой принцессе: Ч. 2. 3-е изд. Пер. с франц. С. Румовского. СПб.: Имп. Акад. Наук, 1791. Имеется современное издание: Эйлер Л. Письма к немецкой принцессе о разных физических и философских материях. Пер. с франц. СПб.: Наука, 2002. **Стр. 59, 157.**

[25]. *Чесноков С.В.* Детерминационный анализ социально-экономических данных в режиме диалога. Препринт ВНИИ Системных Исследований, М.: 1980. **Стр. 63, 85, 96, 154.**

[26]. *Фуко Мишель.* Теория глагола. *Фуко Мишель.* Слова и вещи. Археология гуманитарных наук. Пер. с франц. СПб: A-cad, 1994. **Стр. 65.**

[27]. *Арно А., Николь П.* О глаголе. Арно А. Николь П. Логика, или искусство мыслить. Пер. с франц. Москва, Наука, 1991. **Стр. 65, 188, 189.**

[28]. *Chesnokov S.V.* Elementary Structure and Evolution of Natural Language. John Mc Caskill Kolloquium, Max-Plank-Institut für Biophysikalische Chemie, Göttingen, BRD, Freitag, 13. Juli 1990. **Стр. 66.**

[29]. *Чесноков С.В.* Мне интересен человек как человек. Социологический журнал. 2001. № 2. **Стр 67.**

[30]. *Husserl Edmund.* Phenomenology. Edmund Husserl's Article for the Encyclopaedia Britannica (1927). Revised translation by Richard E. Palmer. Journal of the British Society for Phenomenology 2 (1971): 77-90; in Husserl's Shorter Works, pp.21-35. **Стр. 68, 70.**

[31]. *Гуссерль Эдмунд.* Начало геометрии. Введение Жака Деррида. Перевод с фр. и нем., комментарии и послесловие М. Маяцкий. Москва, Ad Marginem, 1996. **Стр. 68.**

[32]. *Гуссерль Эдмунд.* Логические исследования. Исследования по феноменологии и теории познания. Пер. с нем. Москва: ДИК, 2001. **Стр. 68.**

[33]. *Ингарден Р.* Введение в феноменологию Эдмунда Гуссерля. Перевод с норвежского. Москва: ДИК, 1999. Оригинал перевода: R. Ingarden, Innforing i Edmund Husserls Fenomenologi. Oslo, 1970. **Стр. 68.**

[34]. *Библер В.С.* Мышление как творчество. Москва, Наука, 1978. **Стр. 69.**

[35]. *Докторов Б.З.* Первопроходцы мира мнений: от Гэллапа до Грушина. Москва, Институт Фонда «Общественное мнение», 2005. **Стр. 69.**

[36]. *Гуссерль Эдмунд.* Из статьи «Феноменология» в Британской энциклопедии. Перевод В.И. Молчанова. Логос. 1/1991. **Стр. 70, 237.**

[37]. *Ван дер Варден Б.Л.* Пробуждающаяся наука. Математика древнего Египта, Вавилона и Греции. Пер. с голландского. Москва, Физматгиз, 1959. **Стр. 72.**

[38]. *Кантор Г.* Труды по теории множеств. М., 1985. С. 101. **Стр. 76.**

[39]. *Куратовский К., Мостовский А.* Теория множеств. Пер. с англ. Москва, МИР, 1970. **Стр. 76, 78.**

[40]. *Чесноков С.В.* Детерминационный анализ социологических данных. Социологические исследования №3, 1980. **Стр. 85.**

[41]. *Chesnokov S.V., Luelsdorff P.A.* Determinacy analysis and theoretical orthography. Theoretical Linguistics. 1991. Vol. 17. No. 1–3. **Стр. 85, 197, 232.**

[42]. *Luelsdorff P.A., Chesnokov S.V.* Determinacy–experience. Writing vs. Speaking: Language, Text, Discours, Communication. Ed. by S. Chmejrkova, F. Danesh, E. Havlova. Tubingen: Gunter Narr Verlag, 1994. **Стр. 85, 197.**

[43]. *Luelsdorff P.A., Chesnokov S.V.* Determinacy form as the essence of language. Prague Linguistic Circle Papers. 1996. Vol. 2. **Стр. 85, 197.**

[44]. *Zaslavsky I.N.* Logical inference about categorical coverages in multilayer GIS. Ph.D. dissertation. University of Washington, 1995. **Стр. 85.**

[45]. *Булгаков Н.Г., Левич А.П., Максимов В. Н., Терехин А. Т.* Методика применения детерминационного анализа данных мониторинга для целей экологического контроля природной среды. Успехи современной биологии. 2001. Т. 121, N 2. - С. 131-143. **Стр. 85.**

[46]. *Булгаков Н.Г.* Технология регионального контроля природной среды по данным биологического и физико-химического мониторинга. Диссертация на соискание ученой степени доктора биологических наук. М.: МГУ им. М.В. Ломоносова, 2003. **Стр. 85 .**

[47]. *Chesnokov S., Reznik K.* Determinacy analysis and sequences orthography applied to the primary amino acid sequences for GABA-Receptors. Method, software, calculations. The frame of International Conference «Membrane Bioelectrochemistry: From Basic Principles to Human Health». Moscow. 2002. June 11–16. **Стр. 85, 197, 199.**

[48]. *Chesnokov S.V.* The Effect of Amino Acids Positional Determinacy in Proteins. Computational Science Seminar Series (CSSS), SDSC Auditorium. Tuesday, August 8, 3 pm. 2006. **Стр. 85, 199.**

[49]. *Chesnokov S.V, Fedorov A.I, Reznik K.L.* The Effect of Position Determinacy of Amino Acids in Proteins. Moscow, 2006, Unpublished. **Стр. 85, 199.**

[50]. *Чесноков С.В.* Детерминационный анализ и поиск диагностических критериев в медицине: на примере комплексных ультразвуковых обследований. Ультразвуковая диагностика. 1996. № 4. **Стр 85.**

[51]. *Чесноков С.В.* Применение детерминационного анализа для поиска диагностических критериев и обработки данных при проведении комплексных ультразвуковых обследований. Клиническое руководство по ультразвуковой диагностике. Т. 4. Гл. XVII, М.: ВИДАР, 1997. **Стр. 85.**

[52]. *Чесноков С.В.* Новый подход к расшифровке языка дельфинов. Доклад на семинаре «Расшифровка языка дельфинов». Государственный биологический музей им. К.А. Тимирязева. Москва. 1994. 1–2 марта. **Стр. 85, 206.**

[53]. *Белькович В.М., Крейчи С.А., Чесноков С.В.* D-анализ синхронных этолого-акустических наблюдений беломорской белухи. Сборник трудов XVI сессии Российского акустического общества, том 3, Москва, ГЕОС, 2005. **Стр. 85.**

[54]. *Чесноков С.В.* Программный комплекс, обеспечивающий функционирование Федерального регистра больных сахарным диабетом на территории России. Доклад на семинаре «Федеральный регистр больных сахарным диабетом», ин-т эндокринологии РАМН, Москва, 12 ноября 2001. **Стр. 86.**

[55]. *Каширская Н.Ю., Чесноков С.В.* Государственный регистр больных муковисцидозом. Доклад на XII национальном конгрессе по болезням органов дыхания. Москва, 11-13 ноября 2002 г. **Стр. 86.**

[56]. *Чесноков С.В.* Федеральный регистр «Болезни крови, иммунной системы и онкологические заболевания у детей и подростков». Доклад на III Рабочем совещании руководителей центров (отделений) детской гематологии/онкологии. Министерство здравоохранения РФ, НИИ Детской гематологии МЗ РФ. Москва. 2002. 28–30 ноября. **Стр. 86.**

[57]. *Чесноков С.В.* Отраслевой полинозологический регистр «Болезни крови, иммунной системы и онкологические заболевания у детей и подростков». Опыт разработки и внедрения. Доклад на Первой Всероссийской Конференции по детской нейрохирургии. Российская Академия медицинских наук, Министерство здравоохранения РФ, Ассоциация нейрохирургов России, Институт нейрохирургии им. акад. Н.Н. Бурденко РАМН. Москва. 2003. 18–20 июня. **Стр. 86.**

[58]. *Чесноков С.В.* Программный комплекс, обеспечивающий функционирование федерального регистра «Ревматические болезни детей и взрослых». Совещание главных детских кардиоревматологов и детских ревматологов. В рамках XII Конгресса педиатров России «Актуальные проблемы педиатрии». Москва, 20 февраля 2008. **Стр. 86, 232.**

[59]. *Вентцель Е.С.* Теория вероятностей: учебник для вузов. Изд. 10, стереотипное. Москва, Академия, 2005. **Стр. 87, 214.**

[60]. *Пойа Д.* Математика и правдоподобные рассуждения. Пер. с англ. Том I: Индукция и аналогия в математике. Том II: Схемы правдоподобных умозаключений. Москва, Наука, 1975. Оригинал: Polya G. Mathematics and Plausible Reasoning (Vol 1: Induction and Analogy in Mathematics; Vol 2: Pat- terns of Plausible Inference, Princeton University Press, Princeton, New Jersey, 1954) . **Стр. 101.**

[61]. *Husserl, E.* Logische Untersuchungen. Erster Teil: Prolegomena zur reinen Logik, Halle a.d.S. 1900; Русский пер.: Гуссерль, Э., Логические исследования. Часть первая. Пролегомены к чистой логике. Пер. Э. Берштейн под ред. С. Франка. СПб: «Образование» 1909. **Стр. 104.**

[62]. *Husserl, E.* Logische Untersuchungen. Zweiter Teil: Untersuchungen zur Phänomenologie und Theorie der Erkenntnis, Halle a.d.S. 1901. Русский пер.: *Гуссерль Э.* Логические исследования. Том второй. Часть первая. Исследования по феноменологии и теории познания. Часть первая. Пер. с нем. В.И. Молчанова. *Гуссерль Э.* Избранные работы. Москва, ТБ, 2005. **Стр. 104.**

[63]. *Аристотель.* Об истолковании. 16a-24b. Пер. с древнегреч. Э.Л. Радлова; под ред. З.Н. Микеладзе. *Аристотель.* Соч. в 4-х т. Т. 2. М.: Мысль, 1978. **Стр. 107.**

[64]. *Лосев А.Ф., Тахо-Годи А.А.* Аристотель. Москва, ДЛ, 1982. **Стр. 107.**

[65]. *Платон.* Парменид.126a-166c. Пер. с древнегреч. Н.Н. Томасова. Под ред. А. Ф. Лосева. Платон: Соч. в 3-х т. Т. 2. М.: Мысль, 1970. **Стр. 107.**

[66]. *Вейль Г.* Призрак модальности. Пер. с англ. З.А. Кузичевой; под ред. В. И. Арнольда. Вейль Г. Избранные труды. Математика, теоретическая физика. М.: Наука, 1984. С. 256–274. Оригинал: *Weyl Hermann,* The ghost of modality. Philosophical essays in memory of Edmund Husserl. Cambridge (Mass.) 1940, p. 278-303. **Стр. 137.**

[67]. *Канторович Л.В.* Математические методы организации и планирования производства. Л.: Изд-во ЛГУ, 1939. **Стр. 153.**

[68]. *Канторович Л.В.* Об одном эффективном методе решения некоторых классов экстремальных проблем. Докл. АН СССР. 1940. Т. 28. № 3. **Стр. 153.**

[69]. *Чесноков С.В.* Леонид Витальевич Канторович: штрихи к портрету. Статья в 1-м томе двухтомного сборника "Леонид Витальевич Канторович: человек и ученый", страницы 226-230. Редакторы-составители В.Л. Канторович, С.С. Кутателадзе, Я.И. Фет. Новосибирск, Издательство СО РАН, 2002. **Стр. 153.**

[70]. *Чесноков С.В.* Основы гуманитарных измерений. М.: ВНИИ системных исследований. Москва, 1985. **Стр. 161, 165, 171, 191, 231.**

[71]. *Chesnokov S.V.* The effect of semantic freedom in the logic of natural language. Fuzzy Sets and Systems. 1987. Vol. 22. **Стр. 165, 171.**

[72]. *Полани М.* Личностное знание. Москва, Прогресс, 1985. **Стр. 180.**

[73]. *Лукасевич Ян.* Аристотелевская силлогистика с точки зрения современной формальной логики. Пер. с англ. Москва, ИЛ, 1959. **Стр. 193.**

[74]. *Бахтин М.М.* Проблема речевых жанров. Бахтин М.М. Собр. соч. Т. 5. Москва, Русские словари, 1996. **Стр. 195.**

[75]. *Вернадский В.И.* Живое вещество. М.: Наука, 1978. **Стр. 196.**

[76]. *Вернадский В.И.* Научная мысль как планетное явление. М.: Наука, 1991. **Стр. 196.**

[77]. *Вернадский В.И.* Несколько слов о ноосфере. *Вернадский В.И.* Научная мысль как планетное явление. М.: Наука, 1991. **Стр. 196.**

[78]. *Белькович В.М., Щекотов М.Н.* Некоторые особенности акустической активности беломорской и дальневосточной белухи. Поведение и акустика китообразных. Москва, Институт океанологии АН СССР, 1987. **Стр. 203.**

[79]. *Кодд Е.Ф.* Реляционная модель данных для больших совместно используемых банков данных: Пер. с англ. СУБД. 1995. № 1. [Оригинал: Codd E.F. Relation model of data for large shared data banks. Comm. ACM. 1970. Vol. 13. No. 6.]. **Стр. 207.**

[80]. *Bernoulli Jacob.* Ars Conjectandi. Basileae, 1713. Русский перевод В.Я. Успенского: Бернулли Я. Четвертая часть «Ars Conjectandi», СПб, 1913. **Стр. 212.**

[81]. *Силвермен Д, Уолш Д, Филипсон М, Филмер П.* Новые направления социологической теории. Пер. с англ. Москва, Прогресс, 1978. **Стр. 231.**

[82]. *Клайн М.* Математика: утрата определенности. Пер. с англ. Ю.А. Данилова. М.: Мир, 1984. [Оригинал Kline M. Mathematics. The Loss of Certainty. New York: Oxford University Press, 1980.] **Стр. 233.**

[83]. *Пуанкаре А.* Наука и метод. Анри Пуанкаре. О науке: Пер. с фр. М.: Наука, 1983. **Стр. 234.**

[84]. *Риман Г.* //Об основаниях геометрии. Сборник классических работ по геометрии Лобачевского и развитию его идей. Стр. 234. — М. — Л. Гостехиздат, 1956. **Стр. 235.**

[85]. *Клайн М.* Математика: поиск истины. Пер. с англ. Ю.А. Данилова. М.: Мир, 1988. [Оригинал Kline M. Mathematics and the Search for Knowledge. New York- Oxford: Oxford University Press, 1985.] **Стр. 235.**

[86]. *Тамм И.Е.* Собрание научных трудов. Том 2, Москва, 1975. **Стр. 235.**

[87]. *Фундаментальная длина.* Физический энциклопедический словарь. Гл. ред. А.М. Прохоров, Москва, Большая российская энциклопедия, 1995. **Стр. 236.**

[88]. *Чесноков С.В.* Дмитрий Пригов: язык без границ. 198 с. Published by Paul Mostinski, Philadelphia, Pennsylvania, USA, 2018. All rights reserved.

[89]. *Чесноков С.В.* Россия: власть и мы. 2000-2007. Избранные тексты. 144 с. Published by Paul Mostinski, Philadelphia, USA, 2020. All rights reserved.

Замечание. Две последних работы вставлены в список как знаки российской социокультурной ситуации, на фоне которой создавался первый вариант книги. Они оставлены и в списке работ II.

Цитируемые работы, список II

По составу и номерам работ списки I и II идентичны. Разница лишь в том, что здесь все цитируемые работы следуют в алфавитном порядке по фамилии первого (либо единственного) автора. Работы автора книги — отдельная группа, она завершает список. Такой порядок следования работ удобен, если нужно быстро выяснить, какие именно работы входят в смысловой контекст данной книги.

[17]. Аристотель. *Аристотель.* Первая и Вторая аналитики. Аристотель. Сочинения. Том 2. Москва, «Мысль», 1978. **Стр. 38.**

[63]. Аристотель. *Аристотель.* Об истолковании. 16a-24b. Пер. с древнегреч. Э.Л. Радлова; под ред. З.Н. Микеладзе. *Аристотель.* Соч. в 4-х т. Т. 2. М.: Мысль, 1978. **Стр. 107.**

[27]. Арно. *Арно А., Николь П.* О глаголе. Арно А. Николь П. Логика, или искусство мыслить. Пер. с франц. Москва, Наука, 1991. **Стр. 65, 188, 189.**

[74]. Бахтин. *Бахтин М.М.* Проблема речевых жанров. Бахтин М.М. Собр. соч. Т. 5. Москва, Русские словари, 1996. **Стр. 195.**

[53]. Белькович. *Белькович В.М., Крейчи С.А., Чесноков С.В.* D-анализ синхронных этолого-акустических наблюдений беломорской белухи. Сборник трудов XVI сессии Российского акустического общества, том 3, Москва, ГЕОС, 2005. **Стр. 85.**

[78]. Белькович. *Белькович В.М., Щекотов М.Н.* Некоторые особенности акустической активности беломорской и дальневосточной белухи. Поведение и акустика китообразных. Москва, Институт океанологии АН СССР, 1987. **Стр. 203.**

[80]. Бернулли *Bernoulli Jacob.* Ars Conjectandi. Basileae, 1713. Русский перевод В. Я. Успенского: Бернулли Я. Четвертая часть «Ars Conjectandi», СПб, 1913. **Стр. 212.**

[34]. Библер. *Библер В.С.* Мышление как творчество. Москва, Наука, 1978. **Стр. 69.**

[22]. Борхес. *Борхес Х.Л.* Фунес, чудо памяти. Перевод с исп. Е. Лысенко. Борхес Х.Л. Проза разных лет. Москва: Радуга, 1984. **Стр. 50.**

[15]. Броммер. *Brommer P.* Eidos et idea. Etude sémantique et chronologique des oeuvres de Platon. Assen, 1940. **Стр. 38.**

[45]. Булгаков. *Булгаков Н.Г., Левич А.П., Максимов В. Н., Терехин А. Т.* Методика применения детерминационного анализа данных мониторинга для целей экологического контроля природной среды. Успехи современной биологии. 2001. Т. 121, N 2. - С. 131-143. **Стр. 85.**

[46]. Булгаков. *Булгаков Н.Г.* Технология регионального контроля природной среды по данным биологического и физико-химического мониторинга. Диссертация на соискание ученой степени доктора биологических наук. М.: МГУ им. М.В. Ломоносова, 2003. **Стр. 85 .**

[23]. Бурдье. *Бурдье Пьер.* Начала. Choses dites. Пер. с фр. Н.А. Шматко. М.: Socio-Logos, 1994. **Стр. 51.**

[09]. Бурбаки. *Бурбаки Н.* Теория множеств. Перевод с французского. Москва, Мир, 1965. **Стр. 27, 74, 79.**

[37]. Ван дер Варден. *Ван дер Варден Б.Л.* Пробуждающаяся наука. Математика древнего Египта, Вавилона и Греции. Пер. с голландского. Москва, Физматгиз, 1959. **Стр. 72.**

[66]. Вейль. *Вейль Г.* Призрак модальности. Пер. с англ. З.А. Кузичевой; под ред. В.И. Арнольда. Вейль Г. Избранные труды. Математика, теоретическая физика. М.: Наука, 1984. С. 256–274. Оригинал: *Weyl Hermann*, The ghost of modality. Philosophical essays in memory of Edmund Husserl. Cambridge (Mass.) 1940, p. 278-303. **Стр. 137.**

[03]. Вейсман. *Вейсман А.Д.* Греческо-русский словарь. Репринт V-го издания 1899 г. Москва, Греко-латинский кабинет Ю.А. Шичалина, 1991. **Стр. 14, 37.**

[59]. Вентцель. *Вентцель Е.С.* Теория вероятностей: учебник для вузов. Изд. 10, стереотипное. Москва, Академия, 2005. **Стр. 87, 214.**

[75]. Вернадский. *Вернадский В.И.* Живое вещество. М.: Наука, 1978. **Стр. 196.**

[76]. Вернадский. *Вернадский В.И.* Научная мысль как планетное явление. М.: Наука, 1991. **Стр. 196.**

[77]. Вернадский. *Вернадский В.И.* Несколько слов о ноосфере. *Вернадский В.И.* Научная мысль как планетное явление. М.: Наука, 1991. **Стр. 196.**

[04]. Вертгеймер. *Wertheimer, M.* Experimentelle Studien über das Sehen von Bewegung. Zeitschrift für Psychologie, 1912, 61, 161-265. [English translation in T. Shipley, ed., *Classics in Psychology*. New York: Philosophical Library, 1961]. **Стр. 15.**

[11]. Визель. *Wiesel T.N.* Postnatal development of the visual cortex and the influence of environment *Nature* **299** 1982 583-591 [Nobel Prize lecture]. **Стр. 30, 49.**

[18]. Гуссерль. *Гуссерль Э.* Идеи к чистой феноменологии и феноменологической философии, Книга I, § 47. Мир естества как коррелят сознания. Гуссерль Э. Избранные работы. Перевод с немецкого. Москва, ТБ, 2005. **Стр. 38.**

[30]. Гуссерль. *Husserl Edmund.* Phenomenology. Edmund Husserl's Article for the Encyclopaedia Britannica (1927). Revised translation by Richard E. Palmer. Journal of the British Society for Phenomenology 2 (1971): 77-90; in Husserl's Shorter Works, pp.21-35. **Стр. 68, 70.**

[31]. Гуссерль. *Гуссерль Эдмунд.* Начало геометрии. Введение Жака Деррида. Перевод с фр. и нем., комментарии и послесловие М. Маяцкий. Москва, Ad Marginem, 1996. **Стр. 68.**

[32]. Гуссерль. *Гуссерль Эдмунд.* Логические исследования. Исследования по феноменологии и теории познания. Пер. с нем. Москва: ДИК, 2001. **Стр. 68.**

[36]. Гуссерль. *Гуссерль Эдмунд.* Из статьи «Феноменология» в Британской энциклопедии. Перевод В.И. Молчанова. Логос. 1/1991. **Стр. 70, 237.**

[61]. Гуссерль. *Husserl, E.* Logische Untersuchungen. Erster Teil: Prolegomena zur reinen Logik, Halle a.d.S. 1900; Русский пер.: Гуссерль, Э., Логические исследования. Часть первая. Пролегомены к чистой логике. Пер. Э. Берштейн под ред. С. Франка. СПб: «Образование» 1909. **Стр. 104.**

[62]. Гуссерль. *Husserl, E.* Logische Untersuchungen. Zweiter Teil: Untersuchungen zur Phänomenologie und Theorie der Erkenntnis, Halle a.d.S. 1901. Русский пер.: *Гуссерль Э.* Логические исследования. Том второй. Часть первая. Исследования по феноменологии и теории познания. Часть первая. Пер. с нем. В.И. Молчанова. *Гуссерль Э.* Избранные работы. Москва, ТБ, 2005. **Стр. 104.**

[35]. Докторов. *Докторов Б.З.* Первопроходцы мира мнений: от Гэллапа до Грушина. Москва, Институт Фонда «Общественное мнение», 2005. **Стр. 69.**

[44]. Заславский. *Zaslavsky I.N.* Logical inference about categorical coverages in multilayer GIS. Ph.D. dissertation. University of Washington, 1995. **Стр. 85.**

[33]. Ингарден. *Ингарден Р.* Введение в феноменологию Эдмунда Гуссерля. Перевод с норвежского. Москва: ДИК, 1999. Оригинал перевода: R. Ingarden, Innforing i Edmund Husserls Fenomenologi. Oslo, 1970. **Стр. 68.**

[38]. Кантор. *Кантор Г.* Труды по теории множеств. М., 1985. С. 101. **Стр. 76.**

[67]. Канторович. *Канторович Л.В.* Математические методы организации и планирования производства. Л.: Изд-во ЛГУ, 1939. **Стр. 153.**

[68]. Канторович. *Канторович Л.В.* Об одном эффективном методе решения некоторых классов экстремальных проблем. Докл. АН СССР. 1940. Т. 28. № 3. **Стр. 153.**

[55]. Каширская. *Каширская Н.Ю., Чесноков С.В.* Государственный регистр больных муковисцидозом. Доклад на XII национальном конгрессе по болезням органов дыхания. Москва, 11-13 ноября 2002 г. **Стр. 86.**

[82]. Клайн. *Клайн М.* Математика: утрата определенности. Пер. с англ. Ю.А. Данилова. М.: Мир, 1984. [Оригинал Kline M. Mathematics. The Loss of Certainty. New York: Oxford University Press, 1980.] **Стр. 233.**

[85]. Клайн. *Клайн М.* Математика: поиск истины. Пер. с англ. Ю.А. Данилова. М.: Мир, 1988. [Оригинал: Kline M. Mathematics and the Search for Knowledge. New York- Oxford: Oxford University Press, 1985.] **Стр. 235.**

[79]. Кодд. *Кодд Е.Ф.* Реляционная модель данных для больших совместно используемых банков данных: Пер. с англ. СУБД. 1995. № 1. [Оригинал: Codd E.F. Relation model of data for large shared data banks. Comm. ACM. 1970. Vol. 13. No. 6.] **Стр. 207.**

[21]. Колмогоров. *Колмогоров А.Н.* Основные понятия теории вероятностей. Москва, Наука, 1974. **Стр. 47, 79, 81, 83, 95.**

[02]. Крейдлин. *Крейдлин Г.Е.* Невербальная семиотика: жесты, поза, голос как элементы риторики. Доклад на симпозиуме "Пути России: преемственность и прерывистость общественного развития", секция «Язык в социальном взаимодействии». Москва, МВШСЭН (MSSES), 2007. **Стр. 14.**

[39]. Куратовский. *Куратовский К., Мостовский А.* Теория множеств. Пер. с англ. Москва, МИР, 1970. **Стр. 76, 78.**

[14]. Лосев. *Лосев А.Ф.* История античной эстетики, [т. 4]: Аристотель и поздняя классика. Москва, 1975. **Стр. 38**

[64]. Лосев. *Лосев А.Ф., Тахо-Годи А.А.* Аристотель. Москва, ДЛ, 1982. **Стр. 107.**

[73]. Лукасевич. *Лукасевич Ян.* Аристотелевская силлогистика с точки зрения современной формальной логики. Пер. с англ. Москва, ИЛ, 1959. **Стр. 193.**

[42]. Люэльсдорф. Luelsdorff P.A., Chesnokov S.V. Determinacy — experience. Writing vs. Speaking: Language, Text, Discours, Communication. Ed. by S. Chmejrkova, F. Danesh, E. Havlova. Tubingen: Gunter Narr Verlag, 1994. **Стр. 85, 197.**

[43]. Люэльсдорф. *Luelsdorff P.A., Chesnokov S.V.* Determinacy form as the essence of language. Prague Linguistic Circle Papers. 1996. Vol. 2. **Стр. 85, 197.**

[16]. Платон. *Платон.* Менон, 72е. Перевод с древнегреческого С.А. Ошерова. Платон. Сочинения. Том 1. Москва, «Мысль», 1968. **Стр. 38**

[20]. Платон. *Платон.* Государство, 514-517(книга седьмая). Перевод с древнегреческого. Платон. Сочинения. Том 3. Москва: «Мысль», 1971. **Стр. 39.**

[65]. Платон. *Платон.* Парменид.126a-166c. Пер. с древнегреч. Н.II. Томасова. Под ред. А.Ф. Лосева. Платон: Соч. в 3-х т. Т. 2. М.: Мысль, 1970. **Стр. 107.**

[60]. Пойа. *Пойа Д.* Математика и правдоподобные рассуждения. Пер. с англ. Том I: Индукция и аналогия в математике. Том II: Схемы правдоподобных умозаключений. Москва, Наука, 1975. Оригинал: Polya G. Mathematics and Plausible Reasoning (Vol 1: Induction and Analogy in Mathematics; Vol 2: Pat- terns of Plausible Inference, Princeton University Press, Princeton, New Jersey, 1954) . **Стр. 101.**

[72]. Полани. *Полани М.* Личностное знание. Москва, Прогресс, 1985. **Стр. 180.**

[83]. Пуанкаре. *Пуанкаре А.* Наука и метод. Анри Пуанкаре. О науке: Пер. с фр. М.: Наука, 1983. **Стр. 234.**

[84]. Риман. *Риман Г.* //Об основаниях геометрии. Сборник классических работ по геометрии Лобачевского и развитию его идей. Стр. 234. — М. — Л. Гостехиздат, 1956. **Стр. 235.**

[05]. Ротенберг. *Ротенберг В.С., Чесноков С.В.* Виртуальность имен в процессе диалога в естественном языке. Известия АН СССР. Серия: Техническая кибернетика. 1986. № 5. **Стр. 21, 154, 211**

[13]. Ротенберг. *Rotenberg V.S.* The Asymmetry of the Frontal Lobe Functions and the Fundamental Problems of Mental Health and Psychotherapy. Dynamic Psychiatry, 2007, v. I-II. **Стр. 30, 54, 64.**

[81]. Силвермен. *Силвермен Д, Уолш Д, Филипсон М, Филмер П.* Новые направления социологической теории. Пер. с англ. Москва, Прогресс, 1978. **Стр. 231.**

[10]. Сперри. *Sperry R.W.* Some effects of disconnecting the cerebral hemispheres (Nobel Lecture, 8 Dec. 1981), in Les Prix Nobel, Almqvist & Wiksell International, Stock- holm, 1982. **Стр. 30.**

[86]. Тамм. *Тамм И.Е.* Собрание научных трудов. Том 2, Москва, 1975. **Стр. 235.**

[12]. Хьюбел. *Hubel D.H. & Wiesel T.N. Brain and Visual Perception: The story of a 25-year collaboration* New York: Oxford University Press, 2005. **Стр. 30, 49.**

[26]. Фуко. *Фуко Мишель.* Теория глагола. *Фуко Мишель.* Слова и вещи. Археология гуманитарных наук. Пер. с франц. СПб: A-cad, 1994. **Стр. 65.**

[87].Фундаментальная длина. Статья в Физическом энциклопедическом словаре. Гл. ред. А.М. Прохоров, Москва, Большая российская энциклопедия, 1995. **Стр. 236.**

[24]. Эйлер. *Эйлер Л.* Письма о разных физических и философических материях к некоторой немецкой принцессе: Ч. 2. 3-е изд. Пер. с франц. С. Румовского. СПб.: Имп. Акад. Наук, 1791. Имеется современное издание: Эйлер Л. Письма к немецкой принцессе о разных физических и философских материях. Пер. с франц. СПб.: Наука, 2002. **Стр. 59, 157.**

Работы автора книги

В соавторстве: 8 работ из 30-ти.

Номер каждой работы (например: [25], [40], [06] и т.д.) тот же, что в списке I.

Работы опубликованы в период с 1978 г. по настоящее время.

Порядок следования работ отражает последовательность во времени.

[25]. *Чесноков С. В.* Детерминационный анализ социально-экономических данных в режиме диалога. Препринт ВНИИ Системных Исследований, М.: 1980. **Стр. 63, 85, 96, 154.**

[40]. *Чесноков С.В.* Детерминационный анализ социологических данных. Социологические исследования №3, 1980. **Стр. 85.**

[06]. *Чесноков С.В.* Детерминационный анализ социально-экономических данных. М.: "Наука", Главная редакция физико-математической литературы, 1982 (2-е изд. — М. Книжный дом "ЛИБРОКОМ", 2009). **Стр. 22, 58, 63, 85, 100, 103, 104, 231.**

[07]. *Чесноков С.В.* Силлогизмы в детерминационном анализе. Известия АН СССР. Серия: Техническая кибернетика. 1984. № 5. [Перевод на англ. в: Engineering Cybernetics. 1985. Vol. 22. No. 6]. **Стр. 23, 86, 104, 118, 119, 122, 124, 153, 154, 161, 165, 193.**

[70]. *Чесноков С.В.* Основы гуманитарных измерений. М.: ВНИИ системных исследований. Москва, 1985. **Стр. 161, 165, 171, 191, 231.**

[05]. *Чесноков* (второй автор). *Ротенберг В.С., Чесноков С.В.* Виртуальность имен в процессе диалога в естественном языке. Известия АН СССР. Серия: Техническая кибернетика. 1986. № 5. **Стр. 21, 154, 211.**

[71]. *Chesnokov S.V.* The effect of semantic freedom in the logic of natural language. Fuzzy Sets and Systems. 1987. Vol. 22. **Стр. 165, 171.**

[28]. *Chesnokov S.V.* Elementary Structure and Evolution of Natural Language. John Mc Caskill Kolloquium, Max-Plank-Institut für Biophysikalische Chemie, Göttingen, BRD, Freitag, 13. Juli 1990. **Стр. 66.**

[08]. *Чесноков С.В.* Детерминационная двузначная силлогистика. Известия АН СССР. Серия: Техническая кибернетика. 1990. № 5. **Стр. 23, 86, 104, 153, 154, 172, 193.**

[19]. *Чесноков С.В.* Физика Логоса. Нью-Йорк: Телекс, 1991. **Стр. 38, 212, 230.**

[41]. *Chesnokov S.V., Luelsdorff P.A.* Determinacy analysis and theoretical orthography. Theoretical Linguistics. 1991. Vol. 17. No. 1–3. **Стр. 85, 197, 232.**

[52]. *Чесноков С.В.* Новый подход к расшифровке языка дельфинов. Доклад на семинаре «Расшифровка языка дельфинов». Государственный биологический музей им. К.А. Тимирязева. Москва. 1994. 1–2 марта. **Стр 85, 206.**

[42]. *Чесноков* (второй автор). *Luelsdorff P. A., Chesnokov S.V.* Determinacy–experience. Writing vs. Speaking: Language, Text, Discours, Communication. Ed.

by S. Chmejrkova, F. Danesh, E. Havlova. Tubingen: Gunter Narr Verlag, 1994. **Стр. 85, 197.**

[43]. *Чесноков* (второй автор). *Luelsdorff P. A., Chesnokov S. V.* Determinacy form as the essence of language. Prague Linguistic Circle Papers. 1996. Vol. 2. **Стр. 85, 197.**

[50]. *Чесноков С.В.* Детерминационный анализ и поиск диагностических критериев в медицине: на примере комплексных ультразвуковых обследований. Ультразвуковая диагностика. 1996. № 4. **Стр 85.**

[51]. *Чесноков С.В.* Применение детерминационного анализа для поиска диагностических критериев и обработки данных при проведении комплексных ультразвуковых обследований. Клиническое руководство по ультразвуковой диагностике. Т. 4. Гл. XVII, М.: ВИДАР, 1997. **Стр. 85.**

[29]. *Чесноков С.В.* Мне интересен человек как человек. Социологический журнал. 2001. № 2. **Стр 67.**

[54]. *Чесноков С.В.* Программный комплекс, обеспечивающий функционирование Федерального регистра больных сахарным диабетом на территории России. Доклад на семинаре «Федеральный регистр больных сахарным диабетом», ин-т эндокринологии РАМН, Москва, 12 ноября 2001. **Стр. 86.**

[55]. *Чесноков* (второй автор). *Каширская Н.Ю., Чесноков С.В.* Государственный регистр больных муковисцидозом. Доклад на XII национальном конгрессе по болезням органов дыхания. Москва, 11-13 ноября 2002. **Стр. 86.**

[47]. *Chesnokov S., Reznik K.* Determinacy analysis and sequences orthography applied to the primary amino acid sequences for GABA-Receptors. Method, software, calculations. The frame of International Conference «Membrane Bioelectrochemistry: From Basic Principles to Human Health». Moscow. 2002. June 11–16. **Стр. 85, 197, 199.**

[69]. *Чесноков С.В.* Леонид Витальевич Канторович: штрихи к портрету. Статья в 1-м томе двухтомного сборника "Леонид Витальевич Канторович: человек и ученый", страницы 226-230. Редакторы-составители В.Л. Канторович, С.С. Кутателадзе, Я.И. Фет. Новосибирск, Издательство СО РАН, 2002. **Стр. 153.**

[56]. *Чесноков С.В.* Федеральный регистр «Болезни крови, иммунной системы и онкологические заболевания у детей и подростков». Доклад на III Рабочем совещании руководителей центров (отделений) детской гематологии/онкологии. Министерство здравоохранения РФ, НИИ Детской гематологии МЗ РФ. Москва. 2002. 28–30 ноября. **Стр. 86.**

[01]. *Чесноков С.В.* Метаматрицы в логике натуральных текстов. Социологический журнал. 2003. № 2, стр. 53-94. **Стр. 11, 19, 38, 78, 104, 128, 146, 147, 230, 233.**

[57]. *Чесноков С.В.* Отраслевой полинозологический регистр «Болезни крови, иммунной системы и онкологические заболевания у детей и подростков». Опыт разработки и внедрения. Доклад на Первой Всероссийской Конференции по детской нейрохирургии. Российская Академия медицинских наук, Министерство здравоохранения РФ, Ассоциация нейрохирургов России, Институт нейрохирургии им. акад. Н.Н. Бурденко РАМН. Москва. 2003. 18–20 июня. **Стр. 86.**

[53]. *Чесноков* (третий автор). *Белькович В.М., Крейчи С.А., Чесноков С.В.* D-анализ синхронных этолого-акустических наблюдений беломорской белухи. Сборник трудов XVI сессии Российского акустического общества, том 3, Москва, ГЕОС, 2005. **Стр. 85.**

[49]. *Chesnokov S.V, Fedorov A.I, Reznik K.L.* The Effect of Position Determinacy of Amino Acids in Proteins. Moscow, 2006, Unpublished. **Стр. 85, 199.**

[48]. *Chesnokov S.V.* The Effect of Amino Acids Positional Determinacy in Proteins. Computational Science Seminar Series (CSSS), SDSC Auditorium. Tuesday, August 8, 3 pm. 2006. **Стр. 85, 199.**

[58]. *Чесноков С.В.* Программный комплекс, обеспечивающий функционирование федерального регистра «Ревматические болезни детей и взрослых». Совещание главных детских кардиоревматологов и детских ревматологов. В рамках XII Конгресса педиатров России «Актуальные проблемы педиатрии». Москва, 20 февраля 2008. **Стр. 86, 232.**

[88]. *Чесноков С.В.* Дмитрий Пригов: язык без границ. 198 с. Published by Paul Mostinski, Philadelphia, Pennsylvania, USA, 2018. All rights reserved.

[89]. *Чесноков С.В.* Россия: власть и мы. 2000-2007. Избранные тексты. 144 с. Published by Paul Mostinski, Philadelphia, USA, 2020. All rights reserved.

Справка об авторе

Сергей Валерианович Чесноков, 1943 г.р.

Гуманитарий по природе. По образованию и диссертации физик-теоретик (Москва, МИФИ, 1960-1965, PhD 1968). С весны 1968 года до сего дня (сейчас 2021 год) работает над проблемой взаимодействия гуманитарной и научной культур.

С XVI века точные знания о физическом мире люди формируют под девизом "*Nullius in verba*" — «*Ничто в словах*». «Разговор» с Природой строится на бессловесном языке наблюдаемых явлений и экспериментальных фактов. Бессловесную речь «речь» Природы понимают лишь те, кто владеет языком математики.

Напротив, в мире людей словесный язык — основа повседневного бытия.

Четыре века деление университетского образования на гуманитарное и естественнонаучное определяло лишь тип профессии.

В последние десятилетия интернет и компьютерные технологии вошли в повседневную жизнь. Они стали фактором, влияющим на развитие общечеловеческого языка и гуманитарной культуры. Фактором могучим, но не безупречным. Его влияние будет расти по мере накопления твердых знаний об универсальных функциях мозга, поддерживающих развитие как гуманитарного языка, так и языка математики. Могут ли существовать такие знания в принципе? Опираясь на известные факты, касающиеся универсальных функций человеческого мозга, автор отвечает: да, могут. В частности, один из возможных развернутых вариантов — эта книга, результат многолетних исследований.

С февраля 2010 года автор постоянно проживает в Израиле.

Printed in the USA
CPSIA information can be obtained
at www.ICGtesting.com
CBHW061720020224
3999CB00049B/1391

9 781734 786286